穿搭女王

恩妮校长 —— 著

中国商业出版社

U0176131

图书在版编目（CIP）数据

穿搭女王 / 恩妮校长著. -- 北京 : 中国商业出版
社, 2022.8
ISBN 978-7-5208-1984-8

Ⅰ. ①穿… Ⅱ. ①恩… Ⅲ. ①女性—服饰美学 Ⅳ.
①TS973.4

中国版本图书馆CIP数据核字(2021)第248480号

责任编辑：刘毕林 刘万庆

中国商业出版社出版发行

（www.zgsycb.com 100053 北京广安门内报国寺 1 号）
总编室：010-63180647　　编辑室：010-83118925
发行部：010-83120835/8286
新华书店经销
香河县宏润印刷有限公司印刷
*
710 毫米 ×1000 毫米　16 开　12 印张　160 千字
2022 年 8 月第 1 版　2022 年 8 月第 1 次印刷
定价：68.00 元
****
（如有印装质量问题可更换）

前言

　　穿搭时尚是年轻人的事吗？我从不这样认为。近年来，虽然人们生活水平不断提高，但人们的穿衣打扮的品位却并没有明显的提高。在这里，我们不拿北京的三里屯、上海的外滩，或其他较为时尚的城市、街区来说事。我们说普遍现象，即随便在大街上、小区里走一走，你能看到几个穿着有品位又时尚的人？我觉得在经济水平较为发达的时期，这不是没什么衣服穿的经济问题，而是观念和专业知识的问题。这也是我写本书的初衷，希望越来越多的人能重视穿搭，重视形象带给自己的影响力。

　　在本书中，我尝试融入了一些文学作品、名人名家等对于时尚和穿衣搭配的态度，我想让大家在收获关于穿搭技巧的同时，还能获得不错的阅读体验。通过让人们了解一些名人、文学作品中经典人物的穿搭技巧，开始认真对待自己的日常穿搭，并付诸行动。

　　读一本书，是为了一次有益的收获。我喜欢形象设计，喜欢看到一个原本普通的女性朋友变得自信而有魅力。卡耐基说："要改变人而不触犯或引起反感，那么，请称赞他（她）们最微小的进步，并称赞每个进步。"因此，与其说我是一个热衷于改变别人形象的人，不如说我是一个愿意帮助那些想要让自己的形象做出改变的人，我会赞美大家所有的改变和每一次微小的进步。所以我将书目大纲从穿搭小白开始列起，层层递进，最终的目的是，在没有别人的帮助下，你也可以成为自己的穿搭女王！这种阅读后的成就感，希望有缘的你能够获取。就像时尚界的苏芒，从一个普通的杂志编辑，一路拼搏到成为中国时尚界的知名人物。励志这件事，从来不分行业和领域。不要觉得让自己变美、学会如何穿衣打扮，仅是茶余饭后的消遣而已，我希望每个女性都能正视、重视穿衣搭配带给自身的重要影响。

　　做一个会穿衣服的人，其实就是成为一个值得被欣赏的人。我希望每个女孩都能活成"女王"！我也希望这本书，能让你成为一个被欣赏、被夸赞的穿搭女王！

目录

第九章

锐变女王——玩转场合秀

001 穿对比穿美更重要 / 171

002 贫富都爱的休闲装 / 174

003 不同职场的穿搭"潜规则" / 176

004 不同社交场合穿搭套路深 / 179

005 让衣服在户外吸氧 / 182

第一章
穿搭小白——知识急救箱

漂亮的衣服千千万，为什么我就穿不出好看？

是身材比例不协调，是颜值太扎心，还是购衣的资金不到位？

穿搭自古有学问，掌握诀窍，专治你的各种穿搭"不顺心"。

中国式管理大师曾仕强说："老实讲，穿衣服是不能由着性子来的。现代人是有很多不太清楚怎么穿衣服的。"他认为除了天生具有的优势外，后天附加给形象的东西更加重要。你会不会穿衣打扮，能不能给人一表人才的感觉，这决定了你的本钱，我们要给自己注入这样的观念。人与人之间的差距，往往就

是从细节开始拉开的。你要说有人就是长得丑，没办法。那我告诉你，我做形象管理这么多年，没见过哪个勤于装扮自己的女人，被人说丑的，无论她的先天条件有多差，都可以靠精心装扮后的魅力四射，来博得尊重。

现代社会赋予了女性多元化的角色。只需要在职场上厮杀就能赢得社会地位的男士尚且需要注重自己的职场形象，作为妻子、母亲、职场人士的女性，更应该时刻管理好自己的形象。在各种形象的转换中，别忘了你首先应该是个美丽动人的女人。这有利于你完美自己的人生。你的丈夫喜欢宠爱一个柔情似水的妻子；你的孩子喜欢拥抱一个温柔又时尚的妈妈；你的老板喜欢重用一个养眼的员工；你的客户喜欢信任一个亲切的盟友。我曾听过一个老板这样说："某人工作能力是不错，可他的着装，让我实在没办法提拔他去负责重要客户。"因为穿搭而丢了职场晋升的机会，实在是得不偿失的事情，问题的根本，是这个人没有注重管理自己的形象，无疑也是对身边人的不尊重。

形象管理，始于整洁，终于能依据场合、环境穿搭出不同感觉的形象，这一点难能可贵。其间的重点不只是衣服，色彩的搭配、皮肤的管理、不同的发型、你身上的所有配饰，都起着至关重要的作用。不要小看任何一个细节，它们决定了你今天或知性、或文艺、或性感、或清新。《红楼梦》被认为是古典文化的百科全书，里面不乏人物穿戴的描写，并且这样的描写有很多。像贾宝玉的服装上会多一些女性色调，彰显了他温柔多情的性格。王熙凤个性泼辣，掌管着贾府这个大家族的内务，所以她的装扮就有点儿与众不同的华贵。作为大才女林黛玉呢，作者在对她的形象描写上，就给人一种清新脱俗的感觉。而吞噬冷香丸来压抑个性的薛宝钗，在穿着上则多以冷色调为主。

不得不说，服饰的确能让人的形象发生改变。学会穿搭，不但会让你增色不少，还能给你的人生圆满度加分。那么该如何提升自己的穿搭能力呢？咱们长话短说，先奉上一系列配色干货，给你贫瘠的穿搭知识库补充精华养料！

001 设计师不愿意透露的配色秘籍

作为一个色彩教育者和形象设计师，我对于绚丽色彩的喜爱溢于言表。我觉得色彩是个非常神奇的东西，取之于自然之美，用之于生活之美。它们无处不在，既在细微之处影响着我们的心情，也让我们的美出现了千万种可能。

"远观色、中看条、近观貌。"在向我询问如何穿搭的女士中，大部分都不了解配色的重要性。当我问她们认为穿搭的哪个部分最重要时，她们往往更看重衣服的款式、价格、品牌，而对于色彩的视觉影响力却无知无觉。因此，我将穿搭色彩的部分，放在了本书的最前面。对于穿搭新手来说，能让她们很快找到穿搭感觉的途径。

1. 色相、明度、纯度

在视觉动物的世界里，色彩被赋予了巨大的能量，可以影响人的心情，赋予人不同的气质和味道。正确的色彩搭配，能调节情绪，拯救形象，这一点毫不夸张。我喜欢沉浸在色彩的绚烂天堂里，研究它们，如同在和一个个灵动的精灵打交道。它们各具神通，会告诉我各自的魔力是什么。它们有的性格温和，有的沉稳，有的忧郁，有的活泼，还有的十分幽默。你可以和它们中的几个做朋友，也可以和其中的一个成为至交。几乎每个人都生活在被色彩包围的环境里，可惜我们对它们知之甚少。现在开始了解还不晚，就让我们一起走进色彩的天堂，了解它们各自的魔法吧！

我们从色彩的基础知识开始讲起。色相、明度、纯度，是色彩精灵的基本属性和特征。怎么对这三种属性进行区分呢？为便于读者理解，这里给大家讲一个小故事。小杨买了一件蓝色的连衣裙，类似小礼服的那种，上班时，很多人都夸她"今天真漂亮"。小杨是个高情商的女孩，她调侃地说："你们的眼睛真宽容！"其实她心里明白，都是这件蓝色新裙子的功劳。可是关系最好的小雪偷偷告诉她："这件裙子真漂亮，但是你不是怕晒黑吗？告诉你个秘密，浅颜色的衣服会将光反射到脸上，很容易被晒黑哦，特别是你这种有点儿透明的蓝色。下次还是选深一点儿的颜色吧。"这个故事中提到了"蓝色"，"有点儿透明的"蓝色，"深一点儿"的颜色。这三者有什么区别呢？"蓝色"代表了这个色彩的色相；"深一点儿"代表了这个色彩的明度；"有点儿透明的"代表了这个色彩的纯度。故事里，小雪说浅色衣服会将光反射到面部的知识，大家可以借鉴一下，的确是这样的。如果不怕面部晒黑，只图身体的凉快，那么浅色衣服的确是夏天最好的选择。

其中色相是色彩的首要特征。掌握了色相，就能掌握区别各种不同色彩的标准。红、黄、蓝是三原色。橙、绿、紫是三间色。红、橙、黄、绿、蓝、紫是色彩天堂的原宿主，是基本色相。每个基本色相都率领着一群颜色。比如，黄色色相包括了淡黄、中黄、深黄、柠檬黄、土黄、橘黄、印度黄等。

色彩的明度就是颜色的深浅变化。除单一色相的明度关系如深红色、浅红色外，不同色相之间也存在明度的关系。比如，淡黄色和浅绿色都属于"高明度"，深红色、深绿色、橘红色都属于"中明度"，而紫色、蓝色、黑色都属于"低明度"。

重点来了！不同的明度对我们穿搭有什么影响呢？想显瘦的朋友要多亲近深色系而避免浅色系。因为深色有视觉收缩的效果，会显瘦；浅色则有视觉扩张的效果，会显胖。相信大家在生活中也会有这样的感受。

红、橙、黄、绿、蓝、紫的原色就是纯度最高的色彩，被称为纯色。纯色精灵们挥一挥魔法棒，掺杂了黑、白、灰色后，会演变出很多颜色。掺杂的黑、白、灰越多，色彩的感觉就会越少，那么纯度也就越低了。在纯色中加入白色，色彩的纯度会下降，而明度上升，即颜色变亮。持续加入白色后，颜色会越来越淡，纯度下降，明度上升，最后接近于白色。在纯色中加入灰色或黑色，则颜色的纯度和明度都会下降。对于穿搭小白来说，掌握这些基础的纯色干货就够了，一般在我们的服装穿搭中对纯度的要求没有那么严格。

2. 有章可循的颜色搭配

（1）同类色搭配

能做邻居的色彩精灵，我们管它们叫"同类色"。具体到色相环中，是相距15~30度的颜色。像深红与浅红、橘黄与明黄、米色与咖啡色等。同类色搭配出来的服装，整体给人以柔和淡雅的印象。

比如，甜美的淡粉色系，不同的搭法，会穿出不同的温柔格调。用粉橘色的雪纺上衣，搭配一双米白色或淡粉色的高跟鞋，尽显女性的温柔，又不失优雅大气。"浅粉色的衬衫＋白色直筒裤＋浅颜色的运动鞋"，最好露出脚踝，既减龄又干净清爽。再如，女神都爱的白色系，短款的白色棉质上衣，如抽绳的棉质上衣，搭配高腰的花苞裙，既显高又仙气十足。想要将舒适进行到底，大可以选择一双软底的平底鞋，当然，鞋子的颜色要避免鲜艳的，除了白色，我们还可以选择米黄色、浅棕色等。行走在森林中的仙女就是你了。

（2）类比色搭配

类比色的对比度较低，在色环上是比较相近的颜色，如蓝色与紫色、红色与橙色。和同类色的区别是，类比色更加丰富，更富于变化。运用类比色搭配方法，很容易生成和谐、自然的美。为了使穿搭更具层次感，我们可以通过改变色彩明度来取得更好的效果。例如，在非常淡的颜色中，稍微加入点儿略深的类比颜色，会有滋生蓬勃之感。

在为演员做形象设计的时候，设计师往往会根据他们将要扮演的人物定位来选择配色，让服装、配饰的颜色与角色的气质尽量"表里如一"。比如，用低纯度的色彩来增加谦逊、亲近之感，用同一色系来衬托低调和优雅的感觉。

色彩的感觉是一般美感中最大众化的形式。

——马克思

002 让色彩碰撞出不一样的火花

色彩精灵又要挥动它们的魔法棒了！这一次，它们要发扬团结的精神，发挥团队的力量，让魔法更加千变万化。于是我们看到了红、橙、黄、绿、蓝、紫这6色相环，相邻色彩混合后，形成了12色相环。以此类推，我们还能得到24色相环……100色相环，甚至更多。

在以色彩为轴心的工作环境里，色相环的作用举足轻重。在我认识的一些形象顾问、艺术家或是画家的办公室里，几乎都能找到色相环的踪迹。掌握了色相环，你就能轻松分辨出紫红色和红紫色之间的区别。在色相环中，紫红色属于红色相，红紫色则属于紫色相。这一节，我将带领大家掌握基础色和不同颜色的搭配。

1.原色、间色、混合色

你肯定熟悉"红、黄、蓝"这三种颜色，但你未必知道它们又叫三原色。什么是三原色？即所有颜色的源头。通过红、黄、蓝这三种颜色再次组合，我们能得到其他颜色，还能得到互补色、相似色、三角色等多种组合色。

橙色、绿色、紫色，就是通过红色和黄色、黄色和蓝色、蓝色和红色混合而来的三种间色。间色也称二次色。

通过间色与原色的再次混合，我们能够得到混合色，也叫三次色。比如，黄绿色、橙黄色、橙红色、红紫色等都是三次色。

我不会肤浅地告诉你，什么颜色一定要跟什么颜色搭才好看。因为对于色彩搭配，永远只有更好而没有最好。除此之外，服装的面料、质感，也会改变同一种颜色的视觉感受。比起直接告诉大家什么颜色搭配什么颜色正确，我更愿意"授人以渔"。我要告诉你的是，只要找对配色规律，整体穿搭在和谐的美感上就能得分。全身服装的色彩要有深有浅，最好能有介于两者之间的中间色来起到色彩的渐变效果。大面积的颜色不可以超过两种，否则会显得凌乱。所以我们在穿搭的时候，尽量要让鞋子、包包与你衣服的其中一种颜色相一致。在进行色彩搭配的时候，我们一定要将去什么场所考虑进去。如果你是去办公楼工作，那么低纯度的服装色彩能营造出平静的气场，使你能更加专注于工作，并且低纯度的色彩能增进亲切感，是特别适合职业女性的色彩语言。

这里我给出几组比较和谐的配色示例，供大家去找感觉和作为穿搭上的参考：淡红＋浅紫，淡红＋深青，淡琥珀＋暗紫，暗绿＋棕，浅灰＋暗红，中灰＋润红，咖啡＋绿，暗黄绿＋绀青，暗橙＋靛青。

掌握这些枯燥的知识有什么用呢？"不懂辨色，就不知选色"，这句话我常常会告诉我的学员们。也许你觉得什么补色、相似色、混合色，跟自己都没有关系，没必要去了解。那我要告诉你，它们跟你的穿搭息息相关。此外，如果三五好友一起出行时，你能够给出"同类色搭配的服装更适合你"这样中肯的建议，就能让人刮目相看，觉得你懂穿搭，特别专业。

2. 中性色

黑、白以及由黑、白调和出来的各种深浅不同的灰色系，就是中性色。黑、白、灰、米色、咖啡色等没有明显的色相，我们一般称为穿搭上的"百搭颜色"，有它们做基础色，搭配就会变得简单易行。

这些基础色虽然能搭配任何颜色，但是其中也不乏搭配上的偏向性。比如，米色、咖啡色、棕色更多被设计师运用在与暖色调的搭配上。暖色调有了它们往往色调更加和谐。

黑色、白色、灰色同样为百搭色，但是它们更喜欢和冷色调做朋友。

黑色严肃而具有震撼力，简洁是它的本质，性感、神秘是它的内涵。在正式的场合，用黑色来彰显优雅的品位，总没有错，并且最重要的是，黑色真的显瘦！我称它为没有副作用的"减肥药"。

白色是个能迁就的颜色，让它刺眼一点儿，如本白色，它就摇身成为冷色；让它柔和一些，如米白色，它就转移阵营成为暖色。

除此之外，藏青色、驼色、褐色、茶色、肉色、深棕色、淡蓝色、淡米黄色、金黄色等都是中性色。

缺乏中性色，再亮丽的衣服也会让人不知所措。用它们来"打底"，再添加其他颜色或元素来提升品位，至少在颜色上是得体大方的，是穿搭小白在初级阶段的不二选择。

和中庸之道一样，中性色既不抢风头，又不甘居人后。如果把它们想象成演员，那么它们应该拿最佳配角奖，或最具实力配角奖。因为如果没有它们，其他色彩就不会被对比得如此明艳照人。

严格说来，一切视觉表象都是由色彩和亮度产生的。

——鲁道夫·阿恩海姆（美国色彩心理学家）

003 那些关于冷暖色的事儿

掌握了色彩的三个基本属性——色相、明度、纯度，我们就更容易理解什么是"色调"了，在这三个属性中，某种因素占主导性的话，我们就称之为某种色调。去看画展的时候，你对拥有多种颜色的画作会有一个整体色彩印象，那就是"色调"了，即一件作品色彩外观的基本倾向。如果你没时间去看画展，没关系，就看看你的手机屏幕。拿我的手机屏幕来说，虽然是渐变色的，中间还有一棵我不太认识的有紫色叶子的植物，整体的色调其实就是紫色。提到色调，我们还需要详细讲解什么是冷色调，什么是暖色调。

1. 冷暖色

在百度百科中，将暖色系解释为是由太阳和大地颜色所衍生出来的。而冷色系是由天空和冰雪颜色所衍生出来的。所以说，色彩和我们的大自然息息相关。探索色彩，是一个能让人放松的自在旅程。对于色彩的掌握，我们其实不需要教化般地死记硬背，当你迷茫的时候，就去看看大自然。我喜欢旅行，更喜欢旅途中的色彩。那落日余晖中水色、天色与斑驳日光的颜色，交融出无限的可能，简直就是大自然的调色盘。

如何区分冷暖色？红、橙、黄、粉红等都属于暖色，它们也确实是看起来令人温暖的颜色。在几个颜色的组合中，如果整体色调偏黄色，便属于暖色调。

蓝、紫等看起来冰凉、寒冷，属于冷色。在颜色群中，如果都含有蓝色的成分，则属于冷色调。

拿绿色来说，它是冷色。但偏黄的绿色就进入暖色调范围了。偏蓝的绿色，依然是冷色调。蓝色中也有暖色调，如湖蓝这样的蓝色。

学习和区分冷暖色以及冷暖色调对我们的穿搭有何益处呢？在我这么多年接触的客户中，有些人的肤色和气质对冷暖色调很过敏，冷色调或暖色调中的一方会更适合他（她）们，他（她）们却浑然不知，听我讲完冷暖色调的知识，才恍然大悟，在以后的穿搭中，就更容易选出适合自己的色调了。色调在穿搭上的应用远不止这些，掌握了"冷色调搭配冷色调、暖色调搭配暖色调"的方法，会避免"乱穿衣"的现象。虽然在时尚的某个角落，乱穿衣已经有了一席之地，但我们大多数人都不是弄潮儿，我们是职场精英，是都市白领，是贤妻良母，是需要手持仙杖的仙女，过分跳跃的非主流时尚，并不适合我们。很多人就是在时尚界的迷魂阵里，迷失了自己。色彩是穿搭的第一审美，我把关于色彩的知识干货提炼给大家，这样我们在穿搭的时候，至少不会出错。

2. 色彩之辨

大部分颜色，是介于两种颜色之间的，所以，在选购衣服的时候，我们会遇到一些叫不上来名字的颜色，或是不确定它们到底属于哪个色系。一个设计师朋友给我讲过一件她亲身经历的事，有一次她的闺密从国外淘回来一件连衣裙，特别高兴地拿给她看，说："你看，我就喜欢收藏这种浅蓝色的裙子。"朋友仔细辨别了一下，告诉她："亲爱的，这种颜色叫'松石绿'，视觉上的确有点儿接近蓝色，但恐怕不属于你的收藏范围了。"闺密瞪大了眼睛说："我看着明明是蓝色的呀？再说，我们外行人哪里懂得什么'松石绿'还是'松子绿'的，反正都是绿色，但是看着这条裙子一点儿也不像绿色呀？"看她那么疑惑，朋友赶紧搜出松石绿的图片给她对比，这下她才完全相信了，不过，那条裙子还是被这个闺密留下了，因为在她的蓝色裙子的收藏柜里，这条松石绿的连衣裙好像没什么违和感。这就是色彩的迷惑性。

对同一模糊色彩的争辩，其实不是个别人的困惑。这一点可以提升到哲学的探讨高度。古希腊时期，伟大的哲学家亚里士多德就认为：颜色是事物所固有的属性。这个属性会像印记一样，暂时留在我们的记忆中。比如，绿色是树叶自带的颜色，人们看到这个颜色，是因为绿叶印到了眼睛上。这个当时的主流学说，没有考虑到绿叶会不会在有些人眼中成为黄色。到了17世纪的科学革命，"颜色客观存在"的观点被否定，伽利略认为，对于颜色，我们应该继续探查，即它们到底存在于哪里。因为颜色无法用大小、形状等物理性质来衡量，所以得出的结论是：颜色并不存在，它们只是我们大脑的产物。读到这里，你肯定会迷惑，如果颜色不存在，那我们看到的绚丽色彩到底从何而来？科学家给出了答案，简单来说就是：颜色不存在，但是光存在！当树叶被光照射时，因为其他颜色都被吸收了，只有绿光被反射，于是绿色便映入人的眼睛里。我们的大脑就会输出绿色的图像。所以说，是眼睛和大脑决定了颜色。这也就能解释，为什么不同人看到同一物体时，会说出不同的颜色来。

　　没学过色彩知识的人，会将湖蓝、海蓝、青蓝色统称为蓝色，会将朱红、粉红、桃红、玫瑰红统称为红色。有很多这种情况吧？别急，学习了色彩性能，就能锻炼出敏锐的色彩辨识度。这里教大家一个记忆色彩的窍门，我称它为"实物记忆法"。比如，用清晨的太阳来记忆"曙红色"，用柠檬来记忆"柠檬色"。我们可以关注一下一种叫"绿松石"的首饰，用它来记忆"松石绿"这种模糊的颜色。

色彩能有力地表达情感。

——鲁道夫·阿恩海姆（美国色彩心理学家）

004　不同颜色的搭配效果

在流行主题色瞬息万变的年代，设计师们在颜色的阵营里煞费苦心。国际色彩的权威机构，每年都会推出流行色，在疫情蔓延的 2020 年，具有治愈效果的明亮黄和极致灰也奔赴战场。但是，无论流行色占据着怎样的市场，你都要坚守自己对色彩的辨识，那也是你对自身的排他性认识。我常常跟我的客户说，适合你的就是对的。但是他们往往就卡在这里，不知道该如何选择。我就告诉他们最简单的区分方法：暖色调和冷色调相对立，深颜色和浅颜色相对立，亮的颜色和哑光色相对立。这是穿搭的基石，基石打牢了，以后的穿搭才会有千万种可能的美。

1. 主色、辅色、点缀色

很多女性喜欢将鲜艳颜色的衣服穿在身上，但是大部分都不会选颜色，仅凭心情、凭感觉，这是很危险的。我们要避免成为大街上被视为"另类"的焦点，也不要因为害怕穿错而只敢穿单色和基础色的衣服，那样的日子对喜欢色彩的人来说也很无趣。对于色彩的搭配，我建议大家要循序渐进，先从简单方法开始找感觉。比如让整体穿搭偏深色或中性色，确保颜色上的安全性，然后在细节处增加鲜艳的颜色。比如一条中性色的连衣裙，可以给它搭配一条红色的腰带，或其他暖色的围巾，也可以在配饰的颜色上找到色彩的平衡点。这种加入小面积的对比色做点缀，可以增加节奏感，既优雅又不失活力。

如果穿搭的颜色在三种以上，那么你一定要记住主色、辅色、点缀色的比例。即主色占到 60% 以上，因为主色是服饰气氛营造的基础，具体到穿搭上，主色通常为套装、大衣、长裤、风衣等。辅助色占全身面积的 30% 左右，它们能帮助主色，起到平衡主色冲击效果和减轻主色对观看者产生的视觉疲劳度。点缀色能起到画龙点睛的作用，一般以丝巾、腰带、鞋、包、饰品等为主，占全身面积的 5%~10%。

了解了色彩知识以后，你一定要在生活中多观察，做个色彩观察员也无妨。逛商场的时候，你就会特别注意到，服装的背景布也会带给顾客不同的感受。比如，女装的背景布采用同类色的话，会就显得比较典雅、柔和、知性、内敛。像这种同类色的搭配，多用于职场穿搭。如果女装和背景布采用强烈的对比色，就会给人刺激、活跃的感觉。一般多为运动装的陈列效果。

2. 色彩搭配

那么，不同颜色到底会给人什么样的视觉感受？色与色的搭配会碰撞出什么样的火花呢？不同色系又是如何征服人的审美的？让我们一起来看看色彩的魔法吧。

（1）"对比色"搭配法

在电视剧《知否知否应是绿肥红瘦》中，盛明兰和顾廷烨的婚礼镜头还记得吗？盛明兰穿着整体为绿色的礼服，顾廷烨呢，则是一身的大红色，看上去十分有视觉冲击力，特别喜庆。这是古代"红男绿女"的民俗婚服。在色彩学上，红配绿属于"对比色"搭配方法中的补色配合法，除红配绿之外，黑配白、青配橙也属于补色配合法。这种配合法可以形成鲜明的对比，在一些场合能起到很好的效果。由于颜色过于艳丽，服装设计师常常通过减弱强度、明度和纯度，来降低服装色彩上的强烈刺激。我们可以试着在色相环中寻找互补色，在上面相隔180度的颜色就是了。我们可以先选定一个主色，再以主色的对比色作为辅色和点缀色。例如，黄色衬衣配上蓝色的耳环。服装色彩对比搭配法，能释放出色彩的强烈力量，让你有权威、个性，是使你成为大众瞩目的女主角的好方法。

除"补色配合法"之外，"对比色"搭配方法还包含"强烈色配合法"，如黄配紫、红配青绿。一般是色相中距离比较远的颜色相搭配，即我们平时俗称的"撞色"。这种色彩搭配更加亮眼。如果你想在某个场合脱颖而出，那么就可以考虑"强烈色"的穿搭方法。撞色的常见搭配有：红撞绿、黄撞紫、蓝撞橙、绿撞紫，反过来也一样。撞色时，要避免冷色＋暖色、亮色＋亮色、暗色＋暗色、杂色＋杂色、图案＋图案的碰撞。

在运用对比色来进行服装搭配时，我们还需要注意避免1:1的对比比例。这样会让你的整体显得笨拙，色彩各占一半，没有突出的时尚点。

无色系的黑、白、灰是天生的调和大师，与金色和银色联手，成为江湖上号称的"五大补救色"。将它们加入互补色中，能起到平衡搭配色的作用，视觉上更加利于情感的表达。比如，在搭配色中加入黑色元素，就会显得比较沉稳。在搭配色中加入白色元素，就会显得较为透亮。

（2）"衬托"搭配法

你有没有过这样的穿搭想法：为了节省穿衣搭配时间，避免穿搭出错，而选择安全的套装或直接一件连衣裙搞定！其实上下装、内外装的搭配并不难，掌握"衬托"搭配法，就能帮你"靓丽"而为。什么是"衬托"搭配法呢？将内外装或上下装进行搭配，彼此衬托，叫"衬托"搭配法。分为面积的衬托法（也叫比例法）、单色与多色衬托法（也叫图案法）、浅色与深色衬托法（也叫深浅法）。

比例法，就是告诉我们，在上下装的搭配中，要避免全身1：1的色块比例。同时要注重二八法则、三七法则、一九法则，即上下装、内外装的色块比例为2：8或3：7或1：9的搭配方法。按照这些比例法进行穿搭，不仅协调、大方，穿对了还有显高、显气质的效果。比如，上下身的色块比例为2：8时，就能拉高身材比例，让下身变得修长。

"素色＋花色"为黄金搭档的"图案法"。在运用这一穿搭方法的时候，要注意素色单品的色彩，最好跟图案的某个颜色相同。保持整体色调的一致，会更显品位。图案衬托法，有打破沉闷，让搭配具有丰富性、时尚感的效果。

当身上大面积为深色时，一定要有一块浅色来衬托，反之亦然。这就是衬托法中的深浅法。深浅法能起到平衡、和谐、时尚的搭配效果，很有搭配的艺术感，适用面也比较广泛。

对于很多女性来说，选购合适的衣服是一件天时地利人和、碰运气的事儿。常常是逛了一天街也没能选到喜欢的衣服，或是在试了无数套衣服后，心烦意乱地决定，就是它了！结果回到家不是没找到能够搭配它的，就是觉得并没有那么赏心悦目，于是穿了两次就永久搁置了。现在，懂得了选择色彩，选购时就不会迷失于五彩缤纷的服装海洋里，至少很快会找到色调的定位。

生命是张没有价值的白纸，自从绿给了我发展，红给了我热情，黄教我以忠义，蓝教我以高洁，粉红赐我以希望，灰白赠我以悲哀……

——闻一多《色彩》

005　用色彩唤醒每日能量

　　我之前将颜色比喻为精灵，因为我觉得它们是有生命的。每个色相都有属于自己的能量。这个能量不但能影响我们的心情和情绪，还能影响别人对我们的印象。餐厅会选用诱人的颜色，如橙色、红色的桌椅，暖色调的餐具来激发食客的食欲。很多生活小物，也在颜色心理学上下足了功夫，商品也成为一种视觉传达的工具，唤醒人们购买的欲望。我在逛商场的时候，总会被一些在色彩上取胜的店家吸引，他们更注重商品陈列的层次感和节奏感。往往会根据色彩进行陈列组合的规划。不管有没有购买的计划，我总愿意进去逛逛，毕竟赏心悦目嘛。

　　色彩的能量远不止这点儿琐碎。它们的魔法棒甚至可以改变一个人的精神面貌。现在有一种新兴的学科，叫"色彩疗法"，讲的就是蕴含在色彩中的能量对人内在的影响和治愈。这已经成为公认的事实了。不仅如此，色彩还被引进了心理治疗的领域，作为一些心理疾病的辅助治疗。如此神奇的色彩，叫我们怎能不怀着好奇心去一探究竟？

1. 色彩能量

色相环一环套一环，使能衍生出的颜色有了无限可能。虽然色相环中的颜色如此之多，但是每个色相的能量含义都是相通的。比如，"红色"色相中，红色、深红色、朱红色、大红色等，有着近似的视觉刺激效果，都散发着热情的活力。只要我们能够把握住最基本的六个色相，掌握它们的主旋律，在设计整体感觉的时候就不会跑偏了。

在穿衣搭配中，我们完全可以赋予色彩以人性化。比如用高明度鲜艳的颜色代表明快，反之代表忧郁；用高明度、高纯度的颜色展现柔软，反之给人强硬之感；用红、橙、黄等偏暖的色系代表兴奋，用青、蓝、紫等冷色系代表沉静。

红色：论能量，红色是最强的代表。它凝聚太阳的炙热，血液的奔腾。自古以来，汉民族就崇拜红色。汉文帝认为大汉王朝五行属火，就将龙袍定为了红色。红色象征着爱情、幸福、野蛮、勇敢，散发着活力热情、兴奋动力和视觉刺激。如果你最近感觉疲惫，提不起精神，就可以在身边多加一些红色元素。不过要注意，如果红色力量过度的话，会让人更加急躁，情绪容易波动。

橙色：和水果的香甜一般，橙色总是清新甜美的。橙色代表了积极、有爱、青春、活力、豪爽。橙色能量给人比较愉快舒适的视觉感受。

黄色：班固在《白虎通义》中说："黄者，中和之色，自然之性，万古不易。"意思是说黄色是土地的颜色，所以是永不变更的自然之色。在易经坤卦中提到过"六五，黄裳，元吉"，意思是说黄色的衣服最为吉祥。当然，颜色到了现代社会，没有什么吉祥与不吉祥之分。对此，我们可以将古人对黄色的美好寄语运用在穿搭的心情上。如今，我们给予了黄色新的寓意，它象征着希望、温暖、喜悦和智慧。在缺乏信心、意志力的阶段，大可以选择黄色能量来提高你的自信。

绿色：绿色是一个能让人联想到大自然的颜色。来自它的能量似乎更贴近大自然，给人平和、轻松、没有约束的感觉。如果感到压抑、绝望的时候，可以多看看绿色的东西，让绿色的元素多体现在你的穿搭上，成为你的幸运色。

蓝色：蓝色的能量来自天空和大海的广博，所以给人豁达、安详和冷静的感觉。蓝色代表着沟通和理解，在需要洽谈的场合穿蓝色的服装最恰当不过了。

紫色：紫色是古罗马时期帝王的专属色，代表着智慧和高贵。在快节奏的社会，繁杂的车水马龙中，如果想沉淀自己，不妨多选择紫色的元素。

在娱乐至上的年代，无论是歌手、演员、商业人士，还是政客、普通百姓，都在努力提升自己的外在形象，这无关身份。穿搭，往小了说可以展现个人魅力，提高一些层次说关乎事业前程，往大了说则关乎国计民生，比如国家领导人的出访，代表的就是国家形象。

除了这些常见色，我们也可以用时下的流行色唤醒每日的能量。比如当下所流行的牛油果色、杧果黄色，会给人一股春天般的气息。

2.同色系穿搭

对于搭配新手，选择同色系是最安全的穿搭方式，既省时，又具有低调优雅的时尚范儿。一种颜色，明暗度不同的搭配，容易穿出既和谐又有层次的韵味儿。同一色系是同一种颜色，但颜色的色值可以不尽相同，如棕色的色系中，还包括卡其色和奶白色，在同一色系中，这三种颜色只是深浅上的不同。大家可以根据每日的心情需要，选择适合自己的色系。

对于同色系穿搭，我们大可以通过明度、纯度上的变化，利用材质光泽对比来体现色彩的层次感，提升时尚感。例如，浅灰色的毛衣搭配亮银色的裙子。

同一色系的穿搭，一定要避免弱辨识度。什么是弱辨识度呢？就是一团乱麻的效果。如果整身白色，虽然算不上穿搭错误，但多少给人一点儿甜腻的味道。而太多的黑色，则会给人烧焦的感觉。所以在选择服装的时候也要避免大面积地铺色，并且一定要对衣服的质地进行选择。如果衣服的颜色偏暗，就可以考虑比如丝质的质地，来提高亮度。

全身牛仔的同色系穿搭中，要注意深浅的变化。例如，上衣和裤子都为浅蓝时，如果上衣的口袋或裤子的口袋有深蓝的点缀，就会将牛仔穿出国际范儿。

除了颜色上，我们也可以从图案上来寻找同色系。例如，同为蓝色的粗细不同的条纹、同为粉色的大小不一的波点或格纹等，来达到视觉上的整体性。但是上衣有横向花纹的时候，裤子就应尽量避开竖条纹或格子图案。上衣有竖纹的时候，裤子则应尽量避开横条纹或格子图案。

颜色不同，但是色调相同，在和谐的美感上，同样不会丢分，可以大胆尝试。其中，上深下浅的搭配手法，会给人恬静大方的感觉，而上浅下深的搭配手法，会给人活泼开朗、明快的感觉。下身服装颜色比上身服装颜色稍微深一点儿，是突出上衣效果的小妙招儿。同样，上身服装颜色比下身服装颜色稍微深一点儿，是突出裤装的小诀窍。

色彩效果不仅在视觉上，而且在心理上应该得到体会和理解。它能把崇拜者的梦想转化到一个精神境界中去。

——伊顿《色彩艺术》

第二章
穿搭见习——搭配的美学

　　社会学家米德认为，人格需要在"主我"和"客我"的不断互动中变得完善。所以我们不但要注重镜子中自己看到的形象，也要注重别人眼中自己的形象，因为二者之间常常存在偏差。我记得在网上看到过这样一个实验，让一个人以及他周围的人画出印象中他的样子，结果大有出入，并且别人眼中的他大多更加难看一点儿。为什么会这样？如果你认为形象只是镜子中或

美颜下一个静态的样子，那现在我就要刷新一下你对它的认识了。形象是一个流动着的印象，是综合的全面的个人素质体现。不仅仅体现在你穿着什么、戴着什么，而且你的言谈举止、生活方式，都是它的得分项。

再回到上面那个实验，为什么我们眼中的自己常常会在别人眼中被扣分？就是因为你没有注重流动着的个人形象，任意一次皱眉、瞪眼、邋遢、发脾气都会折损别人对你的印象。说到这里，我很想告诫那些已婚的女性，婚姻和养车子一样，需要经常做保养。而时刻注重自己的形象，就是婚姻的保鲜剂。千万不要认为，一个男人如果爱你，就会接受你的全部。那你就太低估男人的视觉了。想象一下这两个画面：一个是穿着随意、捧着零食袋子、挺着微微隆起的小腹、边大快朵颐边看电视的女人；一个是穿着素雅而有品位的家居服、坐在飘窗前的小椅上、看着书沉思的女人，纯净的窗帘被微风吹起，恰到好处地飘浮在她身后。你更喜欢哪一个？我想，即便同为女性，我们也会忽视前者而被后者吸引吧？

细节决定了你的形象。而你的形象就是你的随身名片。你是谁，有着怎样的个性，如何生活，甚至你的社会地位，都会暴露在你的形象里。

"她能穿得好看，那是因为有钱买啊！"类似这样的话，我经常听到。事实真的如此吗？未必！香奈儿认为："有人认为奢侈是贫穷的对立面。其实不是，奢侈是粗俗的对立面。"要知道，金钱可以协助你完美自身，但不能决定你的审美，也无法告诉你关于穿搭的经验。而我们要传导给你的，就是如何花最少的钱，打造最美的形象。

001　寻找你的专属幸运色

　　我不适合穿绿色，灰色让我的脸色看起来没有光彩……即使没有学过色彩学的人，也会在心中给自己的穿搭色彩做一个大概的定位和禁区。但凡被一个人偏爱的颜色，基本就是跟他的自带色比较合拍。大家想一想自己偏爱的颜色是什么，然后从这个颜色开始向它的邻近色延伸，找出适合自己、与自己肤色相和谐的色彩系列。这是穿搭课堂中很重要的一步。只有找到你的专属色彩系列，利用这一系列再去考量你的习性、性格、要去的场合，必定能取得理想的穿搭效果。

1. 人体色测试三部曲

　　除了服饰的颜色外，其实每个人都是颜色自带体。大到皮肤、毛发，小到眼珠、眉毛，都属于人体自带色。我们可以通过以下三部曲，来了解自己到底属于哪种人体色。

　　第一部曲：人体冷暖色

　　胡萝卜素、血红色素、黑色素，是决定肤色冷暖的三要素。其中，胡萝卜素决定着皮肤中呈现黄色、橙色的多少，也就是决定皮肤是否泛黄。血红色素决定皮肤中呈现蓝紫色的多少，也就是决定皮肤是否泛红。黑色素决定皮肤中呈现黑色的多少，即决定皮肤的明暗度。在这三要素中，胡萝卜素和血红色素是肤色冷暖的根本原因。而黑色素的多少，决定了皮肤的深浅和明暗。

肤色偏暖，脸蛋儿会给人温暖的感觉。肤色偏冷，则会给人冷艳的感觉。这是我们对肤色冷暖的感性认识。其实对于亚洲人来说，皮肤白皙的女孩成为冷肤色的可能性极大。一般皮肤较为白皙的女性发色相对会浅淡柔和一些，肤色较深的女性发色会更加乌黑，所以我们自然的发色也会对应肤色有偏冷或偏暖的区分。除此以外，我们的唇色也有冷暖之分。基本上是偏红橙色的为暖色调，偏红紫色的为冷色调。如果这两种都不属于的话，那一定是冷暖居中的唇色。对于黄种人而言，虽然放眼望去，大部分人的眼球是黑色的，但是仔细辨认你会发现，还是以接近黑色的深棕色偏多，其次是黄棕色、浅棕色，而真正黑色的眼球极为少见。眼球的这四种颜色和眼白色都属于中性色。所以中国人的眼睛颜色基本不会影响服装的用色。但是眼睛黑白的对比度越强，越有吸引力。你可以观察一下周围的女性，试着通过她们的肤色、唇色与发色将她们分为偏暖和偏冷的类型。

现在不妨通过以下的测试题来测测你的肤色冷暖度。

1. 观察自己的面部肤色，颜色更接近于（　　　）。

A. 粉色　　　　　　　　　　　B. 黄色

2. 自己穿黄色的衣服看起来（　　　）。

A. 像生病了一样蜡黄　　　　　B. 很漂亮，很精神

3. 穿纯白色衣服时，你的肤色看起来如何？（　　　）

A. 没有明显的瑕疵　　　　　　　B. 肤色看起来晦暗

4. 金色与银色的饰品，自己更适合（　　　）。

A. 银色　　　　　　　　　　　　B. 金色

5. 如果皮肤受到了日晒，你的皮肤会（　　　）。

A. 发红　　　　　　　　　　　　B. 被晒成黄褐色

6. 你的眼睛颜色属于（　　　）。

A. 黑色或深棕色　　　　　　　　B. 棕色

7. 你的头发颜色是（　　　）。

A. 黑色　　　　　　　　　　　　B. 棕色、茶色

以上七道选择题选择 A 项更多的就属于冷肤色，选择 B 项更多的则属于暖肤色。

第二部曲：自身明亮程度

根据肤色的深浅、眼神年轻或成熟的状态，可将自身的明亮程度分为高明度、中明度和低明度。

第三部曲：确定对比强弱

我们通过五官的清晰度、神态的对比度，将面部分为低纯度、中纯度、高纯度三种不同的对比。

通过以上三部曲，我们可以更好地定位自己的人体色类型。这里为大家总结了一下。

A. 浅暖对比型。

色相：暖

明度：中高明

纯度：中高纯

色调：纯色调、亮色调、浅色调、淡色调、一点儿浅灰色调

对比度：中偏强对比

浅暖对比型的人，给人干净、清透、明快、年轻、活力的感觉。

B. 深暖渐变型。

色相：暖

明度：中低明

纯度：中低纯

色调：浊色区＋深色调＋暗色调

对比度：中度对比

深暖渐变型的人，给人浓郁、成熟、优雅、秋天般的感觉。

C. 浅冷渐变型。

色相：冷

明度：中高明

纯度：中低纯

色调：浊色区＋浅色调＋淡色调

对比度：中度对比

浅冷渐变型的人，给人简约、平和、清爽的感觉，拥有这种特征的女性，多数比实际年龄要显年轻，即偏年轻化。

D. 深冷对比型。

色相：冷

明度：中低明

纯度：高纯

色调：暗清区＋纯色调＋极淡色调＋黑白

对比度：强对比

深冷对比型的人，给人清晰、成熟和冷艳的感觉。

E. 浅淡型。

色相：冷暖不突出

明度：高明度

纯度：低纯

色调：淡色调＋极淡色调＋浅灰色调＋柔色调＋白

对比度：弱对比

浅淡型的女孩，给人轻盈、清透的感觉。这种类型最显年轻。

F. 华丽型。

色相：冷暖不突出

明度：低明度

纯度：中低纯

色调：暗灰＋深色调＋暗色调＋极暗色调

对比度：中偏弱对比

这种体色的女孩，给人深沉、典雅的印象，是最成熟的人体色。

G. 柔和型。

色相：冷暖不突出

明度：中明度

纯度：中低纯

色调：浊色区（除开中色调）

对比度：中偏弱对比

柔和型的女孩，给人优雅、柔和、平稳的印象。

H. 对比型。

色相：冷暖不突出

明度：中明

纯度：高纯

色调：纯色＋亮色调＋强色调＋极淡＋极暗＋黑白

对比度：强对比

对比型的女孩，给人清晰、醒目、有个性的印象。

2. 根据人体色选穿搭

为什么一套衣服明明很漂亮，也很昂贵，就是没能给你加分，甚至会给你减分呢？很大一部分原因是，穿搭得不正确，你被服装抢去了风头。换句话说，衣服比人更凸显，大家首先看到的是你的衣服很漂亮，而不是你的整体形象。这是很失败的着装体验。如果你对自己的专属色不太了解，那么我建议你多去商场试衣服，各种颜色、各种款式的都尝试一下，逛街的时候，可以多去观察，看看那些穿得有品位、有范儿的女孩，她们是如何进行色彩搭配上的选择的。慢慢地你就会找到感觉。任何一门学科，都需要有不厌其烦的摸索阶段。我觉得穿搭是一件很有趣的事，你一边尝试着提高自己的形象，一边掌握了搭配的知识，还能顺带指导一下你的闺密、同事、男朋友如何穿搭，何乐而不为？

原则上，我们可以尝试任何色彩的服装，但是最接近肤色的，才是最适合你的。比如，如果你是透亮白皙的皮肤，选择清晰明亮的色彩，就会比暗淡混浊的颜色更适合你。同样，皮肤暗淡缺乏光泽的人，就不太适合清晰明亮的衣服。选择好适合你的色彩系列后，在搭配服装时，要注意通过改变明度、纯度来增加层次感。一般，纯度较高的色彩会显得更加华丽，纯度较低的色彩给人更加雅致、柔和的印象。而明度高的色彩更偏向大而轻的感觉，明度低的色彩更偏重小而重的感觉。

我们的目的就是要利用色彩来创造美。

——德拉克洛瓦（浪漫主义派绘画大师）

002　给四季来点儿颜色

色彩会给人不同的视觉感受，带给人收缩与膨胀的落差、华丽与朴素的品位、沉静与活跃的性格，甚至是冷与暖的温差。懂得按不同季节来选择颜色，是热爱生活、有情趣的人。

1. 春季穿搭色彩和技巧

应该没人能抵挡得了人间四月天的温存了。春季是舒适的、充满勃勃生机的。这个时候选择应景的嫩绿色、天蓝色、粉红色、橘色、亮黄色等，能点亮一份美丽的恋爱般的心情。

红色穿在春季，有一种重生的喜庆感，但是皮肤较黑的女性就尽量避免对红色的挑战吧，因为红色只会让你显得更黑。喜欢黄色的女士，要记得土黄色容易让自己显得老气哦。喜欢小清新风格的姑娘，在春天更不能错过绿色的清新感了，它会帮助你带给别人眼前一亮的感觉。

薄的针织开衫，已然成为很多女士进入春季的标配了。搭配吊带连衣裙，既温婉又显瘦。针织开衫可是肉肉的女孩子们能大胆穿吊带的给力单品。

　　春季也是个容易忽冷忽热的季节，一件薄的打底衫或针织小吊带背心，下搭一条显瘦的百褶裙，外搭一件长度及裙摆的西装外套，既能拉长身高比例，又显得俏皮可爱。

　　2. 夏季穿搭色彩和技巧

　　夏季给人一种炙热感，这时一身清凉的装扮很有必要，那白色无疑成为最能解暑的颜色。白色反射紫外线的能力较其他颜色强一点儿，所以穿着体感上更加凉快。但是白色的衣服也能将紫外线反射到面部，使面部肌肤变黑，因此，带深色衣领的白色服装更好一点儿。我们知道白色是百搭色，用白色作为夏季主色的话，更适合跟蓝色、粉蓝色、橄榄绿色、黄色、橙色、金色、银色等颜色搭配。

　　如果怕面部被晒黑，可以将白色放在下装，比如一条白色的七分裤或微喇西装裤，搭配一件粉蓝色的缎面设计的上衣，虽然没有太多的设计噱头，但正是这种简约的清爽感，造就了经典的高级气质。

　　严肃的职场女性在夏季似乎很难选衣服，没有了西服的装点，总感觉像被剥了一层皮一般不自信。其实只要一件极简的修身上衣，搭配一条包臀裙，再踩一双小高跟鞋，妥妥的夏季职场必备穿搭，最重要的是显气质。

　　3. 秋季穿搭色彩和技巧

　　时尚界的"老佛爷"卡尔·拉格斐，是个热爱人群、更懂得享受孤独的人，他从小就喜欢一个人待在角落里看书、画画。这样一个独特的灵魂，最爱的季节就是秋天，因为秋天同样有种孤寂、清净之感。卡尔·拉格斐认为，人只有在与自己独处的时候，才有充电的空间，才能集中精神去创作。

秋季是很容易让艺术家、设计师动容的季节。那种傲然独立的肃穆感，很适合驼色、咖啡色、金色、黄色等服装色彩。

还没有什么寒意的初秋时节，一件咖啡色的西装连衣裙，搭配一双棕色、米色或黑色的矮跟小皮鞋，就很 OK 了，适合普通职场和日常出行。当然，一个同色系的包包会打破整体的单调。想要增加文艺感，可以围一条枣红色或姜黄色的薄围巾，也可以将一条细长的围巾在胸前简单打个结，减龄的学院风就出来了。

碎花的雪纺裙，因之复古感而在时尚界历久不衰。它也是真的很好穿，在秋季随便搭一件小开衫或小外套，就很田园风跟淑女感了。像卫衣这种难以过时的休闲装，大家可以安排到秋季，既保暖又青春、有活力。重点是很——好——搭！无论是牛仔裤、直筒裙、蓬蓬裙、长裙还是短裙，它都完全能驾驭。

4. 冬季穿搭色彩和技巧

冬季的色彩是萧条、暗沉的，最适合来点儿叛逆的黑色。说起对于黑色的沉迷，不得不提到日本时装浪潮的新掌门人——山本耀司。他认为，服装设计可以如绘画一般成为一门艺术，而且是具有创造性的。他设计的服装，大多以黑色为主，流畅的裁剪线条，使他的黑色服装简洁而并不简单，极富韵味。

黑色是百搭色，想要给寒冷的冬季增添点儿温暖的感觉，可以和米色、咖啡色、鹅黄色、砖红色等相搭配。色彩找对了，便能让你轻松驾驭冬季的日常穿搭，不论你衣服的款式如何，至少合拍的颜色会给人舒适的视觉效果，这就能为你的整体造型加分了。

冬季是少不了大衣的季节，这个时候一定要注意内外搭配的色差不要过大，否则会出现找不到重点的失重感。具有层次感的黑色系搭配，会让你看起来不那么古板，而且时髦感满满。比如一件黑灰格子的灯芯绒连衣短裙，搭配一件黑色的短款皮衣。

这里不是要告诉大家，每个季节只能选择固定的几种颜色，这个是没有明文规定的。别忘了时尚就像个任性的孩子，它最不守规则，也最不喜欢被框住。所以给大家的只是更加适合的季节色彩，大家还是要结合自己的风格和服装品类来进行更合适更完美的色彩安排。

不要随波逐流，不要被时尚束缚，你自己决定成为什么样的人、穿什么样的衣服、选择什么生活方式。

——詹尼·范思哲

003 人与服饰贵在和谐之美

　　说色彩是服饰的灵魂，这话一点儿也不夸张。选对色彩搭配，会让你用平价的服装，穿出时尚大牌感。

　　我之所以占用好几个章节去讨论色彩，传导色彩知识，就是因为在构筑服装状态的过程中，在成为穿搭女王的进程中，色彩无异于人的心灵语言，无论你想要传达文艺气息、干练气质还是保守的沉默等，色彩这种视觉语言都会协助你达到想要的效果。而和谐，特别是人与色彩之间的和谐感，是不可以忽略的重中之重。有些服装色彩搭配起来的确很好看，但不一定适合你。人与色彩之间一旦失去了和谐感，就会显得别扭甚至土气。这会大大折损你的形象。

1.找到你的色彩类型

　　我们在色彩能量一节中，了解到了色彩各自的影响力。有的能影响人的心情，有的能影响人的食欲；有的会让人显胖，有的会让人显瘦。而在服装搭配上，选对颜色会给你带来意想不到的效果。比如，让你的皮肤紧致、细腻、透明，更加靓丽，甚至会帮助你修饰五官轮廓，让脸形更加好看。总之，色彩与人的和谐，会让人眼前一亮。看你现在的服装颜色，有没有能让人眼前一亮？

该如何找对自己的和谐色呢？我们可以根据八季色彩理论，找到自己的色彩类型。

A. 浅暖对比型。

色相：暖

明度：中高明

纯度：中高纯

色调：纯色调、亮色调、浅色调、淡色调、一点儿浅灰色调

对比度：中偏强对比

色彩印象：干净、清透、明快、年轻、活力

B. 深暖渐变型。

色相：暖

明度：中低明

纯度：中低纯

色调：浊色区 + 深色调 + 暗色调

对比度：中度对比

色彩印象：浓郁、成熟、优雅、秋天般的感觉

C. 浅冷渐变型。

色相：冷

明度：中高明

纯度：中低纯

色调：浊色区 + 浅色调 + 淡色调

对比度：中度对比

色彩印象：平和、简约、清爽、偏年轻

D. 深冷对比型。

色相：冷

明度：中低明

纯度：高纯

色调：暗清区 + 纯色调 + 极淡色调 + 黑白

对比度：强对比

色彩印象：清晰、成熟、冷艳

E. 浅淡型。

色相：冷暖不突出

明度：高明度

纯度：低纯

色调：淡色调 + 极淡色调 + 浅灰色调 + 柔色调 + 白

对比度：弱对比

色彩印象：轻盈、清透、显年轻

F. 华丽型。

色相：冷暖不突出

明度：低明度

纯度：中低纯

色调：暗灰 + 深色调 + 暗色调 + 极暗色调

对比度：中偏弱对比

色彩印象：最成熟、深沉、典雅

G. 柔和型。

色相：冷暖不突出

明度：中明度

纯度：中低纯

色调：浊色区（除开中色调）

对比度：中偏弱对比

色彩印象：优雅、柔和、平稳

H. 对比型。

色相：冷暖不突出

明度：中明

纯度：高纯

色调：纯色＋亮色调＋强色调＋极淡＋极暗＋黑白

对比度：强对比色

色彩印象：清晰、醒目、个性

　　色彩有深浅、冷暖，人的皮肤也一样。除了我们肉眼能判断的深浅，即黑白外，还有皮肤的冷暖、发色、眼睛颜色、唇色这些综合因素来决定你的色彩类型。所以别再说什么皮肤白该如何穿、皮肤黑该如何穿了！那么我们该如何判断皮肤的冷暖呢？这里教大家一个小窍门，拿一个橙子或橘子，只要是橘色的就行，自然光的情况下，放在自己脸旁，如果发现镜子中的皮肤有点儿发黑了，你就是冷色皮肤；反之，如果皮肤变得更透亮更有光泽了，那你就是暖色皮肤。

2. "点缀法"与"呼应法"

如果色彩太统一，要学会加入小面积的点缀色。点缀色通过色彩的明与暗、暖与冷、鲜与浊、大与小相对比的关系，利用小面积点缀，使穿衣配色变成一个有趣的创作过程。比如黑大衣搭配一条红色的围巾，便能在冬季穿着沉闷、乏味的一众人群中夺目。

点缀可以打破服装的沉闷，点亮整套服装，起到画龙点睛的作用。这一方法适用范围很广，特别是跟统一的服装一起搭配。在运用服装色彩点缀法的时候，大家一定要注意，点缀的色彩不宜面积过大，点缀色相最好不要超过两个，因为太多点就是没点了。

当服装的主色调确定后，选用1—2个与之相同或相似的色彩，在服饰上或其他不同的部位中反复出现。色彩中彼中有此，此中有彼，与主色相呼应，相互辉映。这就是服装色彩搭配的呼应法。用同色的丝巾、手表、包包、鞋子、腰带或饰品来搭配服装，是最简单的呼应法搭配方式。夏天闷热的季节，我们可以选择运用呼应法的范围很广，完全可以运用在家装风格上，善于运用呼应法来装饰家居的人，会给人追求完美、热爱生活的印象。运用呼应法时要注意尽量将颜色控制在3个以内。

了解了色彩精灵的存在，你会发现，在穿搭这件事上，没有不美的颜色，只有不美的搭配！所有的时尚，都是搭配出来的！

对于不会说话的人，衣服是一种语言，随身带着的一种袖珍戏剧。

——张爱玲

004　幸运的一天从会搭配开始

　　迪奥品牌创始人克里斯汀·迪奥对美丽有着独到的见解，他说："热情是美丽的秘密。没有热情的美丽是没有吸引力的。"每天清晨，用今天该穿出什么样的风格来唤醒自己，会让你没有起床气。都说爱笑的女孩运气不会太差，热爱生活的女孩总是洋溢着对一切的热情。我说，对生活充满热爱的女孩，总是幸运的。所以，让我们幸运的一天从会搭配开始吧！

　　1. 第一印象"要有光"

　　对生活的热爱，其中之一就体现在如何装扮自己上。生活就是一面镜子，你穿得随意，生活也会给你无所谓的态度，没人有时间去注意到你骨子里的特别。你搭配得光鲜亮丽，阳光似乎也会更多地倾注在你身上。我对流行语不是很敏感，但是最近看到朋友圈有人发"要有光"来表达他的生活态度，则非常认可。暗淡无味的人，也会让他周围的人感觉索然无味，那么他会迎接怎样的爱情、怎样的婚姻、怎样的人际关系，我们可想而知。我觉得人需要有散发光彩的魅力，你的笑容就是你的光，你的状态、你的爱心、你的品位、你的言谈举止、你的着装都是你所能散发出来的光。

你若盛开，蝴蝶自来；你若有光，好运常在。这不是道听途说的封建迷信，而是一种自然的规律：人们总是爱亲近那些看起来或是感觉起来有正能量的人。我们都知道第一印象的重要性和持久影响。在人的第一印象中，你的显性因素占影响力的93%，隐性因素即你的真才实学、工作背景、说话内容等占7%。而在显性因素中，服装、个人面貌、体型、发型等外表形象比你的声音、姿势、动作等更具影响力。无论如何，你得相信，人在不同时期的状态是不同的，所以才有"在最好的时光遇见你"这样的感慨。那何妨让自己每天都是最好的状态呢？只有你时刻准备着迎接美好，美好降临的时候，才会选择已经准备好了的你！毕竟相信美好会发生远比美好本身更重要。无论你今天将面临什么人、什么事，都从穿搭开始，告诉自己，今天一定是能量满满、好运连连的一天。因为，我已经如此美丽了！

雨果说："我宁愿靠自己的力量打开我的前途，而不求权势者垂青。"如果你是一个独立的女性，那更应该从现在开始，每天注重你的穿衣打扮。因为这会给你带来意想不到的效果。当你的形象发生改变时，你的心态也会随之发生变化，好的蝴蝶效应就会接踵而来。

2. 搭配的神奇魔力

安妮宝贝文字里的漂亮女孩，夏天永远是白色的棉布裙，光脚穿球鞋。我看到这里，觉得这种穿搭既舒适又青春。通过这样的描写能洞察出安妮宝贝的审美风格。虽然这只是她个人观念中认为的漂亮，但是，光脚穿球鞋成了流行至今文艺不羁的经典。这就是穿搭的形象感染力——我也想拥有那样的气质，所以我会选择同样类型的穿搭。

　　我建议大家，在模仿喜欢的穿搭之前，先充分了解自己在裸装的情况下，属于哪种形象类型，即给自己一个大概的形象定位。通常设计师会将女孩们大致分为时尚、干练、有气场的类型；温柔、大方、有气质的类型；清新、自然、有亲和力的类型和活泼、可爱、有活力的类型。这是一个边界线比较模糊的圈圈，大家先找好属于自己的圈子，这样，在进行形象转变的时候，才更加有方向，不会盲目。比如，平时干练、有气场的职场女性，想要在相亲或约会的时候展现温柔，可以尝试简约大方的纺纱连衣裙，春秋搭配一件纯色的休闲西装外套或小皮外套。冬天在连衣裙外可以套一件近似色的毛马甲，腰部系一个细腰带，再套上长的毛呢大衣。既不与自身的形象相冲突，又增加了温婉的气质。

　　如果你想要吸引女性的目光，那你一定要学会穿搭，因为大多数女性的目光都在搜索穿搭这件事；如果你想要吸引男性的目光，那你更加要学会穿搭了，因为他们的视觉对窈窕淑女毫无抵抗力。很多男性不在意自己的穿搭，但是他们很会欣赏女性的穿搭，并能提出关键性和建设性的意见。有时候你可以听听身边男同事、男朋友或老公对你着装的意见，他们有可能不是最正确的那一个，但当他们认真想说的时候，绝不是因为持有偏见。

　　正确的搭配可以改变你的既有形象，可以为你的第一印象加分，也可以增加你被一见钟情的概率。让你变美的同时，又因为美丽而好运连连。

　　你的衣服是你整个灵魂的写照。

　　　　　　　　　　　　　　——博蒙特与弗莱彻《老实人的财产》

005　稚嫩和成熟的转换秘诀

　　不同的场合往往需要女性转换不同的状态。在大多数情况下，我们都是在稚嫩和成熟之间转换的。比如和男朋友约会，就需要穿搭得小鸟依人一点儿，有需要被保护的感觉。但是一旦和男朋友去面见对方家长了，就需要尽量穿得保守、成熟一些。毕竟老一辈人和年轻人之间有一定的代沟，初次见面，老人不会猜到在你露肩搭短裤的时尚外表下，有一颗贤妻良母的心。

1. 给你的时光机里"装点儿嫩"

　　大家说一个人"装嫩"，总有一点儿嘲笑的贬义。我不这么认为，我觉得随着女性年龄的增加，装嫩很有必要！但是要装得和谐、自然。

　　这里告诉大家几个能起到减龄效果的技巧。短款衣服比长款衣服的减龄效果更佳；比起高跟鞋，平跟鞋会更显年轻；浅颜色、亮颜色要比深色更减龄；纯色的服装会比花色的服装显年轻态。这几个技巧，大家可能都多少会有感受，只不过没有详细地做过分析和整理。仔细回忆一下你的穿搭史，相信你会觉得十分认同。

穿一件小清新颜色的 V 领连衣裙，搭配一双平底鞋，既有成熟女性的性感指数，又多了几分邻家女孩的舒适和随意。重要的是，连衣裙可以遮盖肉肉和臃肿，可是减龄利器哦！

虽然大家都在疑惑连体服该怎么上厕所的问题，哈哈，可是短裤型的连体服，就是让人欲罢不能地减龄，再搭配一双平跟凉拖……前面的少女请看过来！

还有一个减龄经典，那就是背带系列。背带裙、背带阔腿裤、背带牛仔裤都不错。大家切记，无论哪种减龄方式，一定要结合自己的肤色、体形、风格等。穿出减龄感几乎是所有中年以上女性的一致追求，但违和感的装嫩，只能成为真正的笑话。我看到过不少试图减龄失败的效果，非常可怕。比如身材臃肿的中年女性，非要给自己套一件露着粗粗大腿的牛仔背带短裙，简直令人不忍直视，还好她历经世事的年龄，足以抵消掉任何尴尬。

上班族女性，如果需要穿得比较正式的话，可以通过改变衣服的颜色和图案来尽量显得年轻一些。比如可以用浅粉色、橘红色、淡蓝色的西装来代替黑色的工作服。如果按照前面讲的，肤色不适合这些较为鲜艳的颜色的话，也可以选择比黑色要显年轻的卡其色、米色、深蓝色等。我们也可以用带字母或卡通图案的内搭来隐现活泼的气质，或是选择有格纹或竖条纹的西服，来替代单调乏味的黑色西装，增加活泼感和时髦度。

2. 成熟的魅力

我所庆幸的是，成熟没有被冠以"老气"的歧视，反而成为一种对女性的尊重和赞美。在很多场合，我们需要拒绝骨子里的天真浪漫和幼稚，端着成熟、稳重的架子。即使那并非你的本意，但却会为你带去安全感和很多方面的收益。

如何穿得更显成熟？在颜色上，黑色无疑是成熟的最佳搭档，而比较淡的颜色，比如淡绿色、粉红色、天蓝色等都是需要极力避免的。近似色比较显成熟，对比色则与成熟"不太熟"。在上一部分减龄的技巧中，我们都可以逆向使用来增加成熟感，比如高跟鞋会比平底鞋显成熟。除此以外，黑色的皮鞋也会比较显成熟。

除了服装，我们的发型、发色、包包都能影响从稚嫩到成熟的转换。女孩波浪的长卷发显成熟；到锁骨长度的微卷发，减龄又时尚。可爱的包包减龄，但是要注意整体搭配是否违和。纯色、简约、大气的包包，特别是黑色款，可以增加女性的成熟度。

在这些"小心机"的影响下，想要在成熟与稚嫩之间游刃有余，是完全可能的。

女人一般是通过时髦的服装使自己显得十分软弱无力。

——亨特《情爱自然史》

第三章
穿搭助理——粉妆与玉琢

在我见过的万千女性中，有因五官精致而夺人眼球的美，有因气质超拔得以脱颖而出的美，有因个性突出而具独特魅力的美，也有后天雕琢出韵味的美。我相信美丽可以有万种风情，也相信那些相貌平平的女性，完全可以通过"不做懒女人"来得到重塑。

"美容大王"演员大S说，要让自己从头美到脚，这是常人难得的自律啊！因为你的头发、眉毛、眼周肌肤、皮肤、颈部、手、脚、身材等，每一项想要将其变得完美无瑕，都需要投入大量的时间和精力。如果有一天，你也和大S一样变成了从头美到脚的人，无疑，你也离"美容大王"的称号不远了。很多男性朋友不明白，女人为何能在妆镜前花几个小时的时间，最后还看不出来有多大的变化呢？你的她诚然还是那个她，但是她已经在悄悄发生改变了。美丽不是破茧为蝶的瞬间，而是水滴石穿的日复一日。

古人尚有"鸡鸣外欲曙，新妇起严妆"的唯美，自古以来女性用妆容涂改了岁月的欺凌，帮自己找回了形象上的自信。形象和气质在女性迈向成功的路径中起着至关重要的作用。职场女性可以通过妆容、穿搭来提高成交率；心情不好了，可以用妆容和服装来改善情绪。为了让《转角遇到爱》的剧目在自己身上上演，更加需要时时刻刻注重你的妆容和服饰。

在现代社会，那种"只因在人群中多看了你一眼"的心动感，绝不会发生在灰头土脸或穿得邋遢的人身上。其实我觉得男性比女性更加需要注重外在形象，一个美女穿得邋遢，至少她还有脸蛋和身材撑着。她就是等待魔法棒变身的灰姑娘。一个帅哥穿得邋遢了，我们只会认为他是个辛苦的打工者，而非什么落难的王子。可以说精心装扮好自己的每一天，是关乎男男女女每个人的事。发现心灵美需要时间，在现代社会，每个人都很忙，不要指望那个他或她在短短相处中，能因为你的心灵而爱上你。毕竟一见钟情需要的是你最美的时刻。就像张爱玲笔下一见钟情的经典《爱》："是春天的晚上，她立在后门口，手扶着桃树。她记得她穿的是一件月白的衫子。"多么有画面感啊，色彩渲染得也很好，衣服是月白色的，桃花是粉红色的，这种画面下的年轻女子，简直我见犹怜啊！所以，在时间的无涯荒野里，精心妆饰自己，让美丽至少能成为一个回忆里的永恒吧！

商纣王时期，就出现了用花汁凝固而成的"燕脂"。早在汉代，口红已经成为女孩子们的普及品了。从2000多年前，马王堆出土的漆器梳妆箱中，更是发现了品种多样的化妆品和装饰品。显然我们对于外在形象的打理，远远落后于这个时代的经济发展，比起古人，更是应该感到羞愧。让服饰和妆容产生积极的化学效果，让如何装扮自己成为大家日常的一部分，是我最大的心愿。

001　气质是所有穿搭风格的前提

　　我常觉得，气质女人，只要三分长相就足以得满分了。气质和长相不是平分秋色的美丽基因，而是咖啡加伴侣的拍档。人的长相就是气质的伴侣，不需太多，适度就够味。这给我们女性朋友留下了很大的提升形象的空间。因为长相是天生的，气质却可以靠后天培养，并且长相的不尽如人意，也可以通过妆容、发型、服饰搭配等来改变。

　　每个人都可以有自己的风格，这无关美丑，穿对了就是美的。而气质，行走在你服装之上的气质，才应该是你穿衣风格的前提。

1. 如何提升气质

　　气质的内涵很多，有你走过的路、见过的人、读过的书、经历过的事，也有你的仪态、语态和良好的心态等。人应该多读书，女性更应该让自己饱读诗书。知识内涵，会从你的血液输送到你的举止言谈间。我在这本书中引用了很多名人的语句，也会介绍一些文学作品对于形象的看法，初衷就是想要告诉大家，气质和穿搭是相辅相成的，而决定气质的很大一部分来自你的内涵。

有时间、有条件去上形体课的朋友，建议可以去体验一下。因为时代的不同，让女性大多成了独立女性，让女人大多成了女汉子。再温柔的女性，一旦成了妈妈，就容易变成一手抱娃、一手拎菜的女汉子。紧凑的都市生活，让女性没有时间去思考一个微笑、一个回眸的重要性和感染力。我们太缺乏漂亮的姿态了。

法国女人是优雅浪漫的代名词，她们未必个个都出落得漂亮，但穿搭和妆容一定精致。包括法国的老太太，出门都要盛装打扮自己。一个精致的手提包、一双有质感的鞋子、一条璀璨的项链、一身符合风格的服装，以及和今天的穿搭十分般配的妆容和发型，都是属于你的漂亮姿态。

我曾听一位男士说过这样一件事：有一次，他和他的老婆在外地旅游，大街上迎面走来两位看着很有气质的美女，大高个儿，男士的目光被吸引，和老婆两人都很感慨，真美啊！没想到，对面的两位女士见有人在边看自己边谈论，就发飙了，破口大骂。后来这位男士说，瞬间就不觉得她们漂亮了。好多年过去了，这件事我一直没能忘，那位男士失望的表情也历历在目。我想告诫广大女性，设计师是可以为你设计出最有品位、最得体的服装，但是你个人素质是否得体，尚需要自己去修炼和维护。千万不要做一个形象高端却语态低俗的女人。

面对复杂的社会和来自各方的压力，我们要做一个内心丰富强大的女性。如果你有很多影响情绪的事情无法释怀，那么我建议你可以多去读书，书中会有相似的灵魂，会给出你想要的答案。良好的心态很重要，它会让你拒绝暴躁和抑郁，从而使你拥有健康的身体以及阳光的精神面貌。

2. 给气质点儿颜色

淑女似乎成了新世纪的古董级人物了。我要告诉大家，"淑女"这个词可以过时，但是其所代表的温柔贤惠、通情达理、多才多艺永远不会过时。换句话说，淑女从古至今都是君子心里的白月光。淑女是一种气质，如果给这种气质冠以颜色的话，清淡的颜色、细碎的图案（如小碎花）是比较有迎合感的。

知性的女人，给人头脑清晰、有涵养、有态度、有生活方向的安全感。知性的女人在穿搭这件事上，一般很会自己拿主意，她们会分析自身的优势和需要规避的短处，对颜色也有独到的见解。知性女人选择柔和的冷色会偏多一点儿，这的确是比较适合她们的颜色，除此以外，黑色、白色、灰色也是不错的选择。

活泼可爱的女孩就像生活中的小太阳，即使有什么事惹得她们不高兴，也会像阵雨一般，很快见到彩虹。活泼可爱气质的女孩，适合她们的颜色有很多，只要她们愿意，完全可以把彩色穿在身上而毫无违和感。一般比较沉重的颜色、明暗度太低的颜色，都不太适合她们。

女汉子也是一种气质，从字面上理解，就是偏男性化一点儿。女汉子有她可爱的地方。黑、白、灰的中性色像极了她们的样子。对比度强烈一点儿的颜色，比如蓝色和橙色，能让她们活力十足，充满干劲。

穿衣打扮是生活的一种方式。

——伊夫·圣罗兰

002　别忽略了你的肌肤护理

肌肤的油腻、干燥、松弛、暗黄等问题，都在向别人宣告：你是一个管理不好自己的人。这将大大折损你的形象，使你的人际交往，特别是第一印象打折扣。在用服饰修饰自己形象的同时，我们不要忽略掉肌肤美感的重要性。

如果面容是一个人的名片，那么皮肤就是这张名片的背景色，宣扬他或高贵、或奢侈、或不修边幅的主权。提到"白富美"这个词，人们首先想到的就是皮肤白净的女孩。俗话说"一白遮百丑"，这话一点儿不夸张。白皙的肌肤就是一个女孩骄傲的资本。

1. 如何亮白肌肤

想要变白，几乎是每个女孩的梦想。演员 Angelababy 在一次采访中讲述了她年少时的一次可笑行径，即认为当时流行的黑色肌肤很时尚，于是拼命将自己晒黑。最后她笑着说道，还好及时收住了，现在能白回来一些。

　　我反复强调过，时尚是个转瞬即逝的东西，可以去借鉴，但是你永远追不上它的步伐。对于审美要有自己的理念，有自己的风格就最好不过了。衣服的风格可以随脱随换，但是让肌肤白皙起来就不是一朝一夕的功夫了。所以建议大家一致向"白"看。

　　那么该如何让肌肤提亮增白呢？首先我们要从内部开始发起攻势，那就是排毒。年龄越大，排毒的工作越不可忽视。排毒的方法有很多，最简单的食物排毒，就是粗纤维的五谷杂粮和富含维生素的食物。有时间的话，可以经常去做汗蒸，帮助全身排毒。没有时间的话，也可以在家里定期用蒸汽仪做做面部的汗蒸，也有助于肌肤出汗从而排毒，并且蒸汽仪可以帮助我们清理毛孔垃圾。

　　喝水是最廉价且安全有效的排毒方法。每天早起可以喝一杯加了盐的水，能够帮助我们清理肠胃，排除身体毒素。

　　除此以外，大家可以选择口碑较好、安全有效的美白产品，美白水、美白霜、精华、精油、面膜。为了防止日晒和电脑辐射等对皮肤造成的伤害，防晒和隔离少不了。天天面对电脑的上班族，抗氧化的防晒隔离霜，最好每隔三四个小时就补涂一次。

　　含有铅、汞的产品，一定要杜绝。有人说，人家不会将这样的成分给你标注出来啊。那我建议大家还是尽量去正规网站购买安全可靠的品牌产品。很多质检可靠的品牌护肤品，价格都很亲民。随着网络的发达，产品的宣传途径增多，我们一定要擦亮眼睛，调查口碑，不做无谓的实验品。

大家不要因为廉价而忽略了一些天然小方子的大功效。每天早晨，用掌心揉碎豆腐，然后摩擦脸部几分钟，一个月后，皮肤会变得白嫩。睡前，用黄瓜片敷脸几分钟，坚持一个月，也会有白嫩的效果。注意，黄瓜在切片敷脸之前，一定要清洗干净，最好用清水泡一会儿，以去除上面的农药。

2. 护肤小常识

护肤的常识有很多，我们篇幅有限，无法逐一列举。这里给大家推荐几个在日常生活中可以信手拈来的小常识。

在与一位女性演员的接触中，她向我传授了一些护肤秘籍，让我觉得很受益，也让我第一次听说了什么是感光食物。她说有一次进组拍摄，没过多久，有人问她，你怎么变黑了？而她自己也疑惑皮肤为什么比进组之前要黑了一点儿，于是开始搜罗原因。最后她突然想到，为了减肥她每天中午只吃一些水煮的绿色青菜，难道问题出在这里吗？她向美容师咨询，得到的答案是，我们常见的芹菜、油菜、菠菜、小白菜、芥菜、灰菜等都属于感光蔬菜，如果在白天过量食用这些蔬菜，经过日晒会加速黑色素的沉淀，皮肤当然会变黑了。所以大家也要尽量避免在能接受到日晒的情况下去吃这些感光蔬菜。

每天化妆的小伙伴，一定要特别注意卸妆后的面部清洁。彩妆没有卸干净，危害有多大，我就不再强调了。清洗面部时，可以先用温水，再用冷水，能起到缩小毛孔的作用。每周敷两次补水面膜，是有助于你的肌肤管理的。受环境影响，我们暴露在外的肌肤很容易出现干燥的问题，补水应该是日常最基础的护肤流程。在擦水的时候，最好用化妆棉，不要将水直接往脸上洒，因为细腻的肌肤是没办法一下子吸收的，多余的水分只会通过蒸发让你的肌肤更加干燥。

如果觉得面膜太贵，除了上面提到过的豆腐、黄瓜面膜，我再给大家推荐一款亲民面膜：用化妆水将化妆棉浸透后，在面部敷20分钟左右，每周三次，坚持一段时间后，肌肤会意想不到的水亮。

不能吃的东西不叫食物；不能穿的衣服不叫时装。

——阿尔伯·艾尔巴茨（浪凡设计师）

003　送你一张食物健身卡

　　想要打造晶莹剔透的肌肤，不是一朝一夕的事情。皮肤拥有先天优势的人，随着年龄的增长，尚且需要时刻爱护、管理好自己的皮肤。而皮肤不具备先天优势的朋友，更需要加把劲儿了。

　　我们这本书讲的是穿搭，以我多年的经验，皮肤干燥、暗沉、有痘痘的女性，你给她搭配的服装再好，整体效果也不会完美。所以我占用两节的篇幅，通过向肌肤管理大师们取经，给大家提供一些方便、快捷又好用的护肤技巧。我不是护肤专家，所以不做护肤产品上的推荐。但是跟时尚界打交道这么多年，也积累了很多绿色的护肤方式。我认为，想要养出上乘的肌肤，就需要内外兼修。上一节我们讲的是外在的肌肤护理方式。这一节我们讲讲如何通过内养，来达到养护肌肤的效果。也就是如何吃，才能让我们的肌肤更水润、白皙、漂亮。

　　1. 颜色与健康

　　色彩不仅仅能运用于服装搭配上，也可以运用于饮食健康上。所以我说色彩都是可爱的小精灵，给了人类很多的能量与启发。

红色代表身体第一轮的能量。第一轮即生殖系统。所以红色能量感最强，象征着热情、活力、兴奋、刺激。红色的食物，如红辣椒可以驱除寒冷，心情不好了，也可以吃点儿红辣椒来改善情绪。觉得最近比较沮丧，比较消沉，在选择食物的时候尽可以选择红色的，比如西红柿、西瓜等，可以增强人的自信，让人充满力量。

橙色代表身体第二轮的能量。第二轮相当于婴儿与母亲联系的肚脐的位置。因此橙色象征着联系、依赖、创造力。一般橙色的食物都富含胡萝卜素，能起到抗氧化抗衰老的作用。

黄色代表身体第三轮的能量。第三轮即胃和消化系统。一个人在开怀大吃的时候，总是开心的。所以黄色象征着乐观和开朗。如果觉得心情低迷，最近压力比较大，可以吃一些黄色的食物。

绿色代表身体第四轮的能量。第四轮即心胸的位置。所以绿色总是象征着平和、和谐。绿色食物可以帮助维持人体的酸碱度，有助于清理肠胃。如果最近工作压力比较大，可以在办公桌上多放一些绿植或绿色的东西，也可以多吃一些绿色蔬菜来帮助舒缓情绪。

蓝色代表身体第五轮的能量。第五轮是喉部的位置。蓝色常常代表沟通、表达和理解的能力，象征着平和、冷静。生活中蓝色的食物比较少见。除了蓝莓，淡水鱼也被归为蓝色食物，多吃一些能起到安定情绪的作用。

青色代表身体第六轮的能量。第六轮是额头、两眉之间的位置。那里是传说中"第三眼"的位置。因此青色常常跟人的知觉、敏感度有关。如果最近在搞创意，并且遇到了瓶颈期，就可以运用青色来提升知觉力。

紫色代表身体第七轮的能量。第七轮是头顶的位置。紫色象征着高贵与智慧。感觉身体劳乏时，多吃一些紫色的葡萄，能帮助加速血液循环。

2. 美容小秘方

柠檬、猕猴桃、橘子、草莓等富含维生素 C 的水果，能通过淡化和分解黑色素，来达到美白肌肤的效果。

西红柿、白萝卜是富含维生素 C 的蔬菜。不喜欢吃水果的朋友，可以选择吃这样的蔬菜来达到抗氧化、抑制黑色素合成、使皮肤白净细腻的效果。

总之，平时要多吃水果和蔬菜。大部分的水果、蔬菜都有益于我们的皮肤。比如西兰花能抗衰老，保持皮肤弹性；胡萝卜能帮助减少皱纹，使皮肤保持水嫩。

我们都知道维生素 E 能延缓肌肤衰老，恢复皮肤弹性。坚果一般都富含维生素 E，想保养肌肤的朋友平时可以多吃核桃、花生、榛子、松子、芝麻等。

我个人觉得雀斑是很可爱的存在。但是鉴于雀斑成为一些女性苦恼的根源，我特意向做护肤的朋友要来这个针对雀斑的方子：首先祛斑的有效产品必不可少，大家可以去搜口碑好的祛斑产品。在使用祛斑产品的同时，可以通过口服六味地黄丸、维生素 C 等能帮助调节内分泌的药物，来协助淡斑。在药物辅助治疗之前，还是建议大家尽可能先在医生那里咨询一下，根据身体情况，决定是否服用。这里再给大家一个祛斑的食疗方法：需要大枣 20 颗，黑木耳 30 克。大枣洗净去核，黑木耳泡发后，加适量水煮半小时。这个食疗方子祛斑效果比较好，大家坚持早晚服食一次。

虽然雀斑多属于遗传性质，但我们也可以通过坚持不懈地运用方法来淡化斑点。在祛斑时期，要注意防晒，多补充水分，多吃新鲜的水果和蔬菜，并且保持充足的睡眠。

希望大家在注重如何让外在更美的同时，也能管理好自己的心态和健康。让快乐、健康和美丽都能眷顾幸运的你！

我的梦想是把女性从天然的本来状态中拯救出来。

——克里斯汀·迪奥（迪奥品牌创始人）

004   变换角色，打造不同的"妆色"

　　精致的女人要学会化妆，跟服装风格一样，化妆也需要根据场合、角色、要见的人来决定风格。妆容一定要是美的，但是，能和衣服一同决定你今天的角色和风格的妆容，才是最完美的。

1. 化妆风格与人的关系

　　妆容能实现我们在年轻与成熟、感性与理性、个性与平和之间转换的心愿。我们五官的面积都不大，需要在细节上进行雕琢。

　　先说眉毛，眉毛的颜色越浅，越不显眉峰，就越会给人温柔、柔和的感觉；眉毛的颜色越深，眉形的曲度越大，就越有气场。当然，眉毛颜色的深浅，要尽量不与你的肤色和发色相冲突，不要有过分的跳出感。

　　眼妆眼影的基本走向是微下垂、平直和上扬。眼影的角度越上扬，人就显得越有气场。微微下垂的眼影效果，会给人一种无辜感。而平直且后拉的眼妆效果，能起到放大眼睛和让眼睛更加深邃的作用。

想要呆萌，腮红的位置就要尽量靠上；相反，腮红越向下，就越显得成熟。腮红的面积不宜过大，起到增加气色、修容的效果即可。斜拉的颧骨式腮红画法，可以起到提拉面部、突出轮廓的效果。

重点是口红了。如果出门只能带一件化妆品，相信很多女孩的选择就是口红。口红对于我们的妆容来说实在太重要了。可以说没有口红的妆容，化得再漂亮，也是断臂维纳斯，总有遗憾。清新可爱的妆容，需要唇色的映衬，浓妆更是离不开浓艳的唇色。唇色浅、唇形薄，更贴合稚嫩、温柔的妆面；唇色深、唇形厚，会更显气场和攻击性。

面部修容，是一门艺术。修好了，你的脸就是艺术品，可以让面部轮廓更加流畅。修偏了，你的脸形也就跑偏了。所以很多人轻易不去尝试，但是一旦熟练运用了修容，会出现让你意想不到的效果。从耳尖晕染到嘴角的修容，加之高光的衬托，能更加突出颧骨线条。淡妆的话，可以只晕染一下鬓角线。雾感状态的晕染，比较适合日常的妆容。那种界限感分明的修容手法，比较适合想要彰显个性的妆容。

2. "妆"出不同类型

想要少女感满满的妆容，恐怕你就要先卸掉几层粉底了。粉底过厚，就失去了少女的轻盈感。柔和淡雅刚刚好。可以将重点放在睫毛和嘴巴上，忽闪忽闪的长睫毛和水润润的嘴唇，会让人尽显年轻。

优雅很多时候只能发生在积累了一定阅历的成年女性身上。有时候，刚步入社会的少女，为了面试一份工作也好，为了一场比较正式的聚会也好，想要凸显成熟的韵味，那就需要服装和妆容的帮忙了。想要"妆"

出成熟的优雅感，浓妆艳抹是很容易犯的错误。大家常常觉得浓艳即成熟，这是不对的。浓艳的妆容或许跟成熟沾点儿边，但它绝对跟优雅相差十万八千里。眼影和口红要尽量淡化。干净的妆面，会给人一种见过世面后的沉稳感，不张扬，也不抗拒。

浪漫型的妆容，是私人聚会等场合的首选。用"华丽"更能准确地形容出其眼线、睫毛、嘴唇曲线的张扬。

自然型的妆容，因其不会出错的安全性，被广泛定格于日常的化妆效果。自然型的妆容很淡，类似裸妆。想要达到这样的化妆效果，就要注意避免突出的眼影和口红色彩。

少年型的妆容，给人清爽、干练的视觉感受，适合那些本身就干练、爽朗的女孩。这样的女孩在化妆时要注意避免月牙眉、翘睫毛这些强调曲线的效果，同时眼影和口红也不能太浓重。

戏曲型的妆容非常有个性。正如其名，比较适合舞台演出等特殊场合。化这种妆时，要注意眉毛曲线要高挑，眼影要浓烈，睫毛要浓密，唇色要饱和。

古典型的妆容也非常有特点，它强调突出五官的轮廓，在细节上精打细磨。唇色不可过于鲜艳，妆色要尽量柔和。

时尚前卫是比较普遍适用的妆容类型。想要达到这个效果，就需要着重突出眼、唇部的妆色。

可爱型的妆容，五官轮廓要以偏柔和的曲线为主，浓妆艳抹只会让可爱型的女孩产生滑稽感。淡淡的，比如桃粉色的妆容，更能衬托出可爱女孩的鲜嫩感。

　　每个女性，都值得被美丽温柔以待。每一天的清晨，都值得我们用精致去确认美好即将发生。

我喜欢把世界上最日常和舒服的事物变成最奢华的东西。

——马克·雅可布（马克·雅可布品牌创始人）

005　让穿搭从"头"开始

想要改变风格，选对了服装，化好了妆容，我们还需要发型的助力来提升整体效果的完美度。如果说手是一个女人第二张脸的话，那么我想说头发是一个女人与生俱来的装饰品。发质可以显示我们身体的健康程度，也能暴露我们的年龄。所以，好好打理你的头发，选择对的发型，对你的美丽同样重要。

1. 发型与人的关系

想要打造浪漫的发型，松散、妩媚就会很浪漫。无论是长发还是短发，只要有夸张氛围的作用就可以突出女性成熟的魅力。韩式的中长卷发，会在浪漫中增加华美感，也可以考虑看看。

想要打造可爱的发型，设计师会告诉你，头发圆滑的曲线、中短的长度更能打造乖巧又活泼的形象。

想要达到优雅的效果，柔美的大卷发、飘逸的长直发、清新复古的盘发，都能彰显女性的温柔和优雅。

少年发型的风格，比较中性化，适合干练、帅气、直线感比较强的短发。

前卫风格的发型，常常被归属于非主流甚至另类。不走寻常路，是这个风格的特点。

洒脱随意的自然发型，是近几年从日韩开始流行起来的，那种随意的辫子、碎发，尽显年轻人对生活的慵懒态度。

想要无限风情的性感，大波浪是不可错过的标志性发型。其实，蓬松而丰满的短发，稍微打几个卷，也同样能演绎性感的浪漫风情。

想要打造古典派，一丝不苟的态度少不了。因为整齐、精致、凸显高贵感的发型才是古典所传承的经典。古典派适合简洁的短发、长发，严谨的烫发或精致的盘发。

戏剧风格的发型，是夸张而摩登的，多用于模特、舞台表演的装扮效果。这里我们可以简单做个了解，夸张的卷发、男性化的头型等戏剧风格的发型，总是夺人眼球。

除此以外，中长的直发，或清新洋气的微卷发，会打造出文艺的淑女范儿。

婴儿肥的胖脸型披头发，一方面会因为脸上的肉肉而显得不利落，另一方面会略显成熟，有的人甚至会显老。将长头发梳成高马尾或丸子头，会更和谐，并且尽显青春活力哦。同样不适合披头发的女士，是那种面部较短、五官较为集中的类型。因为披头发只会让她们的脸显得更小，没有气势。短发或者将头发扎起来，则会精神很多。额头饱满的妹子特别幸运，隆起而有弧度的额头，会使脸型看起来很匀称，整个人显得有气质，无论是披头发还是扎头发，都会很好看。

2. 发色与人的关系

和肤色一样，发色也有着冷暖、中性的色相属性，同时也有高、中、低不同的纯度和明度。我们可以根据肤色来选择贴合的发色，根据瞳孔的明度来选择发色的明度。

中国女性染褐色和棕色的比较多，发型设计师也会这样建议，因为会跟我们偏黄的肤色相平衡。在着装上，棕色的头发跟灰色、银灰色、浅色的服装都比较合拍。比较强烈的颜色，基本都会喜欢褐色的头发，比如一般人驾驭不了的紫色、深咖啡色等，它们的碰撞，会让你的形象尤为突出。

金色的发色冲击力很强。在穿搭上，金色的头发跟红、黄、蓝、绿、紫、粉色系都能合拍。服装的明度和纯度不要过高，降低整体抢眼的效果，否则就会成为行走的红绿灯。如果搭配围巾的话，要避免艳丽的颜色，比如粉红色、紫色等，因为这些颜色配上一头金发，会给人头重脚轻的感觉。

千万不要华丽而低俗，因为从衣服往往可以看出一个人。

——莎士比亚

第四章
穿搭白领——你懂你的美

　　风格是一个人穿衣的风向标。可惜很多人并不了解自我，也不了解自己属于或适合什么样的风格。这就导致一些人在一些时刻成为行走着的笑话。无论你现在对穿搭感觉多么良好，回忆你的过去，相信总有那么几个时刻，是让你后悔那样穿着的。

解决问题要抽薪止沸。想要穿对、穿美，首先你要将那些时尚告诉你的声音，将想要你相信跟随时尚才是美的声音关在门外，然后多听听自己内心的声音。一路跌跌撞撞走来，你最喜欢的几套服装，是否适合你？最适合你的几套服装，是什么类型的？你有着怎样的个性需要通过衣服来彰显，或你想通过衣服告诉大家你是怎么样的人。归根结底，你到底属于或更适合怎样的风格？

你有没有这样的经历？一个平时普普通通的女孩，在一次重新做了发型、化了适合的妆容、穿了一套更符合她风格的漂亮衣服后，简直让熟悉她的人刮目相看。有时候，不是我们不美、不漂亮，只是我们尚没有在自信中找到自己的美。为什么"美女"这个称呼如此泛滥？首先，每个女人都爱听；其次，真的是每个女人都有变美的潜质。只要你能先拥抱自己，成为自己的知己，然后通过对自己的定位和专业知识找到专属于自己的风格，一切问题就都可以迎刃而解。

但不是说我们找到自己的风格，就需要固定不变了。人与人之间存在很多微妙的不同，所以，同一种风格类型的人，也是会存在差异的。比如小 S 的风格，就是主体优雅而偏少年风格；演员刘嘉玲，则是优雅偏时尚风格。大家要找好自己的风格风向，在选择衣服款式时，才不会犹犹豫豫。也可以针对自己的风格进行微观调整，在不同的场合，展示百变而不做作的自己。

001　先给自己一个风格定位

老实讲，第一印象未必总是正确的，但却总是最深刻、最明朗的。美国著名心理学家爱德华·桑戴克提出的"成见效应"就跟第一印象有着密切的关系。一个人如果给人的印象是好的，那么他就会被一种积极的、肯定的光环所笼罩，被赋予的全部都是良好的品质。反之，则会被消极和否定的光环所笼罩，无论他还有什么其他的闪光点。

所以，不要让你的形象输在起点上，毕竟当人们没看到你的内涵的时候，你的外在就决定了日后你们的相处是否愉快。而第一印象就取决于你的神态、表情、仪表、姿态和服装配饰。

1. 时尚即风格吗？

法国作家罗曼·罗兰说："所谓风格是一个人的灵魂。"我则认为人的特色远胜于美丑。风格是很多领域的成功点，比如明星如果没有自己的风格、特色，就很难火起来。你看王菲也好、谢霆锋也好，很多艺人在性格上很有个性，着装当然也很有独特的风格。作家也得有自己的风格，我看过一句话："文学中不朽的东西是风格，而不是思想。"总之，风格在很多领域都特别重要，在穿衣打扮上尤为如此。

既然风格如此重要，那它跟时尚是亲戚吗？在崇尚时尚感的年代，我们的风格又该如何定位呢？

很多人都在说要追求时尚，其实大部分人是不懂时尚的。时尚都是当前流行的，而当前总是很容易成为过往。当我们沾沾自喜，自认为抓住了时尚的尾巴时，新的时尚潮流已经开始风靡了。但是风格，专属于你的风格，是永远不会过时的经典。姑娘们，要有这样的自信！

对于时尚，对于流行元素，我们要抱着尊重、参考的态度，然后尽可能融入你自己的审美品位中。你的气质、涵养、神态、性格、举手投足、身材曲直等，都是你风格的组合因素，我认为内在的气质更加重要。能了解到自己的"型"，就不会被时尚牵着鼻子走。而彰显气质和个性，是穿搭的最高境界。

通过内在性格，我将姑娘们分为沉静内向型、温和谦逊型、活泼好动型、开朗大方型、火辣热情型、潇洒帅气型、理智型和朴素型。

沉静内向型的人，选择素净、清淡的颜色，会更加适合她们文静、淡泊的内在。但是大家不要被性格所束缚，很多文静的女孩，在某些时刻也能放松自己，放飞自我，所以在休闲的假日，不妨尝试一下鲜艳的颜色，让大家看到你隐藏起来的另一面吧！

温和谦逊型的人，选择色彩柔和、中明度的服装，显得大方得体，高明度、高对比度色彩的服装则是比较禁忌的。

活泼好动型的人，可以选择对比色强烈的、颜色较为鲜艳的服饰，来彰显青春的活力。当然，一般这种类型的多为年轻姑娘。如果你说我年纪很大了，但就是活泼型的，那我们可以通过降低色彩明度来达到整体和谐的效果。毕竟年龄也是一个人穿衣风格需要考虑的重要元素。

开朗大方型的人，暖色系会给人十足的亲和力，白色系也是不错的选择，但是高冷的黑色和冷色系就比较牵强了。有些场合必须穿黑色时，可以选择有暖色元素的黑色服装，也可以在腰带、头绳巾、胸针、耳环、包包等配饰上选择暖色系来增进协调性。

火辣热情型的人，更适合积极的色彩。阳光橙、明黄、西瓜红、草绿色等都是不错的颜色选择。白色、灰白色等消极的色彩则需要避讳。

潇洒帅气型的人，适合的色彩是高对比度的，不适合那些明度低、对比度低的色系。那样会提不起精神。

理智型的人，暖色系和对比强烈的色彩似乎有些跟她们格格不入，她们适合的往往是比较柔和的黑色、白色或冷色。

朴素型的人，她们自己就比较抵触对比度强烈的色彩，暖色也很少碰触，低明度和低对比度的冷色是她们的最佳搭档。不要认为朴素型就是不舍得穿衣打扮、穿着寒酸的人。其实这种类型搭配不好的话，很有可能就像薛宝钗住的"雪洞"，不是钱不钱的事，大部分是个性所致。搭配好了，则变成了经过老太太给薛大姑娘布置后的房间，朴素依旧，只是有了亮点。

2. 九大风格分类

除内在性格外，我们还可以根据直与曲、大与小、均衡与特殊来判断风格。直与曲，是人外形的柔美程度。举个例子你就明白：王菲属于直，杨丞琳属于曲。大与小，是指人的整体量感，即高矮、胖瘦的整体感觉。

均衡与特殊，是指面貌特征，面貌比较柔美温和的为均衡，面貌比较有特点、容易在人群中被发现的为特殊。

通过以上这三种特征的判断，可以将人分为少女型、少年型、前卫型、古典型、自然型、优雅型、浪漫型、戏剧型、异域型。我会在下面几节中给出这九大类型的详细穿搭理念。

我非常认同美国著名服装设计师比尔·布拉斯对于风格的看法，他说，"风格首先是一种本能、直觉"。在学习如何穿出自己风格的过程中，感觉也是很重要的一项技能。很多人都注重如何从外界吸纳和学习知识。可是在寻找风格这件事上，我们更应该安静下来，闭上眼睛，听听内在的声音。如果服装和你自身的风格不相配，首先你就不会感觉到服装所带来的轻松自在。你周围的人在看你的时候也一样。所以，穿搭也需要多去尝试、多去感觉什么风格的衣服让你有"人衣合一"的自在。

奇装异服并不等于穿戴时髦。

——罗·伯顿

002　花儿与少年的青春时尚

　　青春，是散发着一股迷人气息的早春，充满青涩、无限的向往以及生命力。青春代表着资本，我们有资本尝试新的东西，错了，后悔了，大可以从头再来。年轻人更愿意尝试不同的风格，让自己的青春不留遗憾。他们也愿意将自己那股子敢打敢拼、敢爱敢恨、直来直往的热血劲儿张扬在穿搭上。

　　通过上面一节我们知道，人可以通过内在性格、直与曲、大与小、均衡与特殊来判断自己的风格，或是更偏向的风格。这一节我们就从少女型和少年型的风格开始讲解。

1. 少女型风格

　　少女型风格，顾名思义，是可爱的、青春的、纯真的邻家小妹妹的形象。用"萌妹子"来称呼她们，似乎最为恰当。比如演员赵丽颖、谭松韵，有不少观众对她们的喜爱，是始于她们那小巧可爱、圆圆的脸蛋和大大的眼睛。

少女型的人，一般五官都比较小巧，很多带有天生的娃娃脸，性格多开朗活泼。拥有这种风格特征的女性是幸运的，年龄似乎被永远定格在了她的娃娃脸上，岁月似乎更愿意守护她的纯真与真挚。

少女型的妹子，最怕成熟的装扮，就像小孩子偷穿了大人的衣服，可爱还是可爱的，就是不那么协调。如果遇到必须穿着成熟的场合，那么就可以在细节上寻求一些可爱的元素。比如在非要穿黑色西服的工作场合，可以内搭一件短款的吊带连衣裙，颜色以白色、嫩粉色、西瓜粉色、橘色等具有少女感的颜色为主。款式上，可以在西装的衣领处露出一点儿蕾丝边，也可以选择带有圆点、小碎花图案的内搭。

在细节上，少女型风格的人，更适合有曲线的衣领、口袋等，再搭配一双偏圆头的鞋子，无疑是将少女的可爱感进行到底了。

女人一迈过 30 岁这个坎儿，无论外貌有没有变化，都会在心态上给自己减分。其实在现代社会，30 岁以上的女性完全可以通过减龄的装扮，重拾蓬勃的朝气。30 岁以上的女性很多都成了宝妈，重要的是如何把握穿出身份感、高级感的减龄装扮，而不是廉价的幼稚感。首先，过于花哨的时尚穿搭，很容易在这个年纪穿成笑话。简约的基础款，比如一件纯色的大 T 恤，搭配一条短裤，脚踏一双小白鞋和长筒袜，瞬间就是清爽干净的妹子了。不仅少女感十足，还十分洋气。这样的基础款套装，再外搭一件小香风的外套，配一个有档次的包包，春秋的减龄装就照着这个模式安排了！

2. 少年型风格

拥有少年型风格的人，无论是面部轮廓还是身材，都有比较强的直线感，也就是通常所说的中性风格。这种风格的人，你让她扮嫩、冒充女人味儿，都是过于牵强的事。不妨做自己，凸显个性中帅气、干练和灵动的锋利感，会更有魅力哦！但是也不要笼统地认为，少年型就是女汉子。少年，更多的是一种赤诚。眼中有自信的光芒，心中有不灭的热情，能将一件简单的白衬衫穿出无限的可能。她们的美，不落俗套。

短小精悍、中性化的服饰，是这个风格的首选。它们能将牛仔所赋予的豪放不羁的意义，更好地传输出来。直线型剪裁的服装，如小西装、皮夹克、工装裤等，比较适合用来抒发少年型风格人的帅气之美。除此以外，卫衣永远是少男、少女们不过时的基础款。

日子在一年一年中流逝，你是否还怀念当年的青春时尚感？只要愿意花点儿小心思，减龄的穿搭，再配上有活力的时尚元素，毫无违和感的少女或少年风格，妥妥地让你回到 18 岁。

时装很重要，就像所有能给予你欢愉的东西那样。它能提升你的生活，它值得你去精益求精。

——王薇薇（华裔设计师）

003　古典与优雅的一抹惊鸿

　　不得不承认，复古之美的魅力，使它能稳坐在时代的一波波洪流中，不理会大众对它的点评，如出水芙蓉般不染于时尚的变革。

　　"优雅"是极其女性化的词，一旦被它的意义所赋予，这样的女性总能给人自爱、聪慧而高贵的感觉。

　　古典之美，可以伴随着优雅的态度；优雅之美，也可以复盘古典。所以，我将这两种类型的风格，放在同一节中讲解。

1. 古典型风格

　　穿着旗服、汉服在古建筑中走秀的网红，将女性的古韵演绎得淋漓尽致；女明星们的古装定妆照，总是像古风画一般唯美动人。不得不承认，古典美被越来越多的现代人所膜拜。随着中国文化的国际范儿，中国的古典美被现代时尚赋予了新的生命力。很多日韩甚至欧美的明星纷纷模仿"中国妆容"，这就是古典美的致命魅力。

　　端庄、高贵、知性、脱俗是古典型美女的特质。比起流行的休闲款，她们更适合正统和高品质的服装。这种类型的女性，恐怕要多为自己积累财富了，因为丝、缎、纯牛皮、羊皮、细呢等高档、精细的面料，最符合她们的气质。棉麻等面料的服装虽然舒适，但总有些配不上她们贵族般的气质。

如何判断自己是否为古典型气质呢？一般这个类型的人，五官会比较端正，身材为标准的直线形，并且肩膀平直，很显气质。总之，整体给人的感觉就是端庄、典雅、知性和稳重。

如果你是有着古典气质的年轻人，那我建议你可以走比较时尚的古典路线。即在正统的服装里，选择添加时尚元素的。比如同为细呢的大衣，你可以选择比较时尚而非端庄的款式。在服装的图案上，年轻人可以选择小圆点、小方格、水点等，这些图案远比直线条、几何图形要有青春气息。

30岁以上的古典型美女，则尽可以释放自身的高贵气息了。一般到了这个年龄，大多会有一定的经济实力，所以不要顾忌别人的不理解，尽情去选择那些昂贵且适合你的服饰吧！因为经典的不必太多，在整理衣橱的时候，有另外两件经典的套装可以替换即可。

虽然牛仔裤可以说是人人必备的单品，但是很抱歉，古典型的人就是跟牛仔系列格格不入。你若就是喜欢牛仔风，建议你可以在旅游、休闲的时候感受一下，过过瘾就好。

整齐划一，不过套装。古典型的人，如果觉得今天不知道该如何穿搭，那就可以直接选一个搭配好了的套装，随手一个小手提包，干练、端庄、大方的职业形象就能体现出来了。

2. 优雅型风格

优雅是常常和女人味儿挂钩的风格，是让人赏心悦目、在人群中不自觉地想多关注几眼的一类女性。她们常常给人遇事不慌的感觉，稳重而恬静，温柔得让人很有保护欲。

从脸部来认证，优雅型的人，五官比例和谐，一般较为精致，圆滑和柔美通常可以用来形容她们的脸庞。从身材来认证，优雅型的人，不会偏瘦或偏胖，微微圆润、修长的身材特征，走路的姿态也十分优雅，给人持重的美感。

在着装上，优雅型适合能彰显曲线的款式，旗袍、修身的连衣裙、将上衣角掖在短裙里的收腰套装都是很显苗条、贴合这个类型的服装。总之在选择服装时，要尽量避免那种棱角分明的裁剪。

装饰品上，一条优雅的细项链、一条质量上乘的丝巾，都能为你的优雅锦上添花。优雅是一种不会褪色的美，如今 60 多岁的演员赵雅芝，因之优雅的气质，永远定格在了白素贞的经典里。而穿优雅型衣服的人，更懂得经营自己的珍贵。

舒适自然的打扮，其实才是对个人生命最大的认识和尊敬。

——三毛

004　浪漫与清新的浑然天成

　　浪漫，几乎是每个女人的心之向往。有些人天生就具备浪漫的气质，她们风情无限，有着独特的吸引力。有的人，是后天培养的性感。没错，浪漫型风格的另一种解释，就是性感。在穿衣的九大风格中，浪漫型是最为性感的一种，有着万人迷般的风情无限。

　　无论是哪个领域，自然、清新总是治愈系的。属于这种类型的女孩，像一个天然氧吧，给人亲近、无害的氧气感。

　　这一节我们继续讲浪漫的风情与自然的氧气。

1. 浪漫型风格

　　分辨浪漫型的人，重点在眼睛，这种类型的女性，大多有一双迷人的大眼睛。那种忽闪忽闪，仿佛能给你讲个故事的灵动，远胜于千言万语。方形脸配上圆润轮廓的五官，很容易出现在浪漫型人的脸上。

　　从身材上来辨析，浪漫型的美女，可谓凹凸有致，可以通过曲线感十足的服装来展示性感。只是要注意别过度，否则会给人"不正经"的印象。浪漫型的年轻女孩，比其他类型要显成熟，等到了真正成熟的年龄，更会势不可当地散发出成熟、性感的女性魅力。

微微暴露的服装，很适合浪漫型的美女，再配上波浪的大卷发，简直是要迷倒众生啊！当然，工作时间就不能如此张扬性感和华丽了，在正装的选择上，可以通过柔软的面料和细节上的小心思，来突出浪漫的本质。在服装面料的选择上，羊绒、丝缎等高级货，会给她们稳稳的华丽感。像一些 A 字裙、直筒裙、超大衣领、灯笼袖等显得粗壮的服装，就需要规避了。

在装饰品上也要以女性化为主，鞋子以高跟鞋、带蝴蝶结或花朵装饰的皮鞋、布鞋、船鞋、时尚的靴子等更为合适。

不扮性感的时候，浪漫型女性也可以有休闲的一面。线条流畅的长裙、有垂感的休闲裤子，搭配或华美、或夸张的上衣，她们的休闲装也难逃浪漫的氛围。

在色彩的选择上，那些女性化、艳丽的颜色很中意这个风格，过于深重的颜色最好被屏蔽掉。

2. 自然型风格

轻松、亲切、自然、质朴……能用在自然型人身上的美好词语，真的很多。所以她们所能驾驭的服装款式也比较宽泛，小清新的、随意大方的、洒脱的、简洁的。总之常规的休闲装都很适合她们，而过于精致或正统的服装，将约束她们的初心。

浅蓝色的薄款风衣，内搭白色的过膝连衣裙，蓝天白云的自然气息，既显气质又减龄。

　　米白色、杏色或咖啡色的纯色连帽卫衣，外搭一件白色的牛仔外套，下着紧身的九分牛仔裤，踏一双平底可踩后跟的休闲鞋，再斜挎一个宽带的斜挎包，时尚又休闲。

　　小碎花的连衣裙是自然一派的最爱。小碎花的背带连衣裙则将自然交到了小女子的手中，真的很减龄！内搭纯白色的半袖 T 恤，可以提上篮筐去摘野果了。

　　一个时髦的女人，永远在和自己恋爱。

——拉罗什福科《道德箴言录》

005　异域与自然的风情无限

异域型是自然型风格的一种。分开来讲，主要是因为异域大有独成一派的特征。近几年，异域特征的演员成了屏幕上的一枝独秀。比如来自新疆的佟丽娅、古力娜扎、迪丽热巴，来自内蒙古的王丽坤、徐璐等，都因为独特的风格和异域感的美丽外貌而吸粉无数。

1. 异域型与自然型的外貌区别

（1）面部

自然型的人，五官的线条较为柔和且多呈直线感。眉眼较为平和，面部轮廓也较为柔和。她们大多神态亲切，即使不是最漂亮的，也是最可亲的。她们不需浓妆艳抹，淡淡的妆容就好。

异域自然型的人，五官更加精致、突出。眼窝通常很深，眼睛有神，鼻子高挺，下巴更有力度感，且嘴唇都不是很丰满，大部分的异域型人嘴唇都很小。一方水土养一方人，这个类型的美女，皮肤一般都很白嫩。总之，在她们突出的民族特色中还透露出一点点的妖艳、狂野和性感。

（2）身材

自然型的人，身材多为直线型，看上去自然放松，动感十足。异域自然型的女孩基本也是这样，并且她们中的大部分都是大高个儿，比自然型更大气，更有气势。

（3）妆容

自然风格的妆容，讲求的也是自然，不要过分的色彩和线条。自然感的卷睫毛、自然的晕染、自然的眉形等都是最贴合的。忌突出的眉峰和立体的唇形。

异域风格的妆容和自然风格差不多，但是因为眼睛部分更为特殊，可以将眼影晕染的范围扩大。深暖色的皮肤，要比自然型用色略黑；偏白的皮肤，比较适合浅冷的妆色。

（4）发型

自然风格的发型，适合中长自然下垂的直发，或自然卷度的卷发。适合深暖的发色。

异域风格的发型，适合飘逸蓬松的长发，比短发更能彰显异域的气质。忌服帖的发型。

2. 异域型与自然型的穿搭区别

洒脱、大方、淳朴、亲切，是自然型穿衣风格的匹配点。棉麻的、天然的质地，柔和的大地色系、素色等很符合她们自然的纯粹。

异域风格，是非一个少数民族的素材就能概括的。它象征了各地人文的特色，可浪漫、可华丽、可温情。异域型的人，服饰上带有螺旋纹、民族类、波西米亚等体现异域风情的自然图案，会让她们更加光芒四射。在服装的色彩选择上，艳浊的、深浊的、多色彩搭配的颜色更适合她们。相对松散的、没有束缚感的款式，再加上软硬适中的水洗类或哑光类的面料，会让她们洒脱的个性体现得更加淋漓尽致。异域型的女性，很适合藏银、铜、木雕等有民族艺术感的配饰。

如果说自然型是生长在青山中一个个清甜的野果，那么异域自然型就是将这些野果酿成美酒后的浓郁。

时尚转瞬即逝，唯有风格永存。

——可可·香奈儿

006　前卫与戏剧的个性张扬

没有千篇一律的美丽，只有风情万种的风格。每个女性都可以在变美这件事上任性、张扬，释放独特的魅力，书写与众不同的精彩。前卫型和戏剧型的风格，都极其独特，所以我将它们放在这一节中来讲解。

1.前卫型风格

提到前卫，很多人的印象就是特立独行。大家的脑海里很容易浮现出另类、时尚前沿、个性等词语。事实上，前卫型的确是时尚界的"好学生"，是最能将个性融入时尚的风格类型。

前卫型风格的人脸部特征为，脸部线条较为清晰。五官的对比度较强，并且五官偏小。眉形无论宽、窄，都有棱角感，眼神较为深邃。有杀伤力的眼神，说的就是她们了。她们很喜欢将个性写在头顶。落差大、不对称的发型，是她们比较能看得上眼的。

这种类型的女孩，骨骼相对奇特，以骨感偏多。行为举止、走路的姿态在人群中也是很容易被关注的另类。

夸张的饰品，是行走着的个性名片，无论是超大的耳环还是有着古怪图案的包包，都能很快激发她们的购买欲。

这种类型的女性朋友，如果在穿搭上出现错误，很容易给人留下乱穿衣的印象。要记得，夸张和摩登不能过分，毕竟我们的舞台更多的还是生活。过分的张扬，只能得到别人挚爱与厌恶两种目光。如果你就是喜欢走这样的极端，那无可厚非，而我的建议只是，最好能让自己独特的穿搭，尽量别跳跃出生活的圈子。这里给出几个服装的搭配方式：对于前卫型的职场女性来说，穿搭是一件很让人恼火且头疼的事情。她们不喜欢西装、正装的束缚。那么我的建议是，短小精悍的休闲西装外套，可以选择兜带处的个性设计来释放个性。夏天的职业装，"衬衫+A字裙"是不错的选择，想要与众不同，大可以选择衬衫的衣领处和裙子的腰带处有独特设计的款式，可以通过有造型感的大皮包、有时尚设计感的高跟鞋、动物形状或图案的耳饰等，来表达内心的与众不同。休闲装的选择上，给了前卫型人很大的空间。紧跟潮流，或凌驾于潮流之上，让你感到舒服的穿搭，基本就能跟你的风格相和谐。

前卫型的人，可以选择化纤、毛料、皮革、带有金银闪光的面料等。

2. 戏剧型风格

戏剧型风格，绝对是九大风格中的"大姐大"。因为这种风格有着十足的气场。她们的一哭一笑，都像在演戏，因为她们就是那种要么不笑，一笑震江河，要么不哭，一哭撼天地的类型。如果在你的记忆库里搜索不到这样类型的人，那我可以提几个大家比较熟悉的明星来帮助你更好地感知这一类型。比如张雨绮、宁静、安吉丽娜·朱莉。

戏剧型风格的人，五官比较立体，脸部的轮廓很有线条感。整体看上去，冲击力较强，人群中很有存在感。身材上，这个类型的人，骨架较大，并且无关胖瘦就是显高。

给这种类型在穿搭上的建议是：职业装的话，时尚的、带有锐利感的衣裙套装或衣裤套装都可以，搭配大气的、有质感的皮包或公文包，一条亮眼的丝巾或配饰；也可以是有夸张图案的小外搭，内搭同色系的丝质衬衫，下身是一条收腰显形、显干练的黑色裤子，就已经很抢眼了。休闲装的话，秋冬一条有立体图案、特文艺的大披肩，内里是一套黑色的紧身装，怎么看都舒服。另外，阔腿裤简直就像专门为戏剧型人设计的一样，不但和她们骨感的身材相和谐，还能显得端庄、大气。

在服装面料的选择上，戏剧型的人没有太苛刻的要求，软硬薄厚皆适宜。寒冷的季节，大可以来一身高档、大气的皮草，与她们的气质很般配。夸张、几何、抽象的图案，都可以出现在戏剧型人的服装上。

风格没有等次、好坏之分，各有各的特点和韵味。要知道风格所传递的是独特，只有当我们越来越能掌控自己的穿衣风格，才能尽显个性和美丽，才能避开穿衣打扮上一个又一个花钱却讨喜的坑。

色彩文化是民族文化中最突出醒目的部分。

——梁一儒《民族审美心理学概论》

第五章
穿搭总监——配饰的惊鸿

　　女性对于配饰的钟情，从古至今皆如此。但是女性对于配饰的运用能力，却在退化。别小看古人的审美，其实在人类文明下的每一个阶段，都有时尚。在《红楼梦》中，冬天里，小姐们穿着大红的猩猩毡，就是时尚；攒珠累丝金凤就是小姐们逢年过节着正装时需要佩戴的配饰。民国时尚达人

张爱玲，用她的文笔和画笔，为我们带来了那个时期女性对于时尚的态度和追求。她本人也是爱美、爱打扮的主儿。据说有一次作家苏青、潘柳黛到张爱玲家做客，发现她穿着晚礼服，满头珠翠，两人还以为她如此盛装打扮是要出席什么活动呢，一问之下才知道，原来张爱玲如此，正是为了迎接她们二人一起吃茶。

当然，我不是想要大家学张爱玲那般，将日常的朋友小聚当成豪华晚宴般去装扮自己。而是要传递一种生活的态度：你的精心装扮，哪怕是有点儿过分的，都会让人感到你对他的重视。而精心装扮的隆重感、协调感，少不了配饰的画龙点睛。

对于觉得如何穿衣搭配都是一件麻烦事的人来说，选择跟服装相搭的配饰更是让她们头疼。其实，一切你觉得麻烦难以驾驭的事情，都是缘于"不熟练"。这跟你的工作一样，刚到一个新环境，接手新的工作，你会惴惴不安，生怕出错。但时间会帮助你懂得熟能生巧的真实性，只要你能开始。

从现在开始，准备一个首饰盒，和我一起将里面的饰品运用自如吧！

001　常用的搭衣饰品

　　害怕搭配出错，觉得身上物件太多很凌乱，喜欢极简风，新手妈妈担心孩子随手抓取……没有戴首饰习惯的你，出于哪种原因？有人会说，我可是经常佩戴首饰的，那就看看下面这些情况，你有没有中招：一个夏天只佩戴一条项链，一个包包穿越四季，手表戴不戴完全看早上有没有多余的系手表带的时间，耳钉、耳环、发夹等只有在心情好的时候才会选一选。

　　如果以上种种，有你的身影，还是乖乖往下阅读吧。我了解你想摆脱配饰的烦扰。相信我，一旦你能拥有对于配饰的掌控权，在购物的时候，你一定会觉得还需要再添加几样配饰呢。你会发现，每天早晨打开首饰盒，是一件极其令人感到期待和愉悦的事情。

1. 不同配饰的点睛之笔

　　对于配饰，如果你有无从下手之感，那么就先在心里询问一下，闪亮的它、不同颜色的它或造型独特的它，到底"传达了什么"。无论是粗细不等的腰带、大小质感不同的包包、各自闪耀的首饰还是图形不一的围巾，其实它们都有自己的语言，在告诉你它们对于改变服装的能力范围，或它们能给你的整体造型增加什么。

使事物变得更加好看的装饰，叫点缀。这个词可以正确表达出配饰在我们穿搭中的作用。配饰不是食之无味、弃之可惜的鸡肋，而是不可或缺的点睛之笔。少了眼睛，再漂亮的龙身也缺乏生气；少了配饰，再漂亮的服装也只是服装而已。明代李渔的著作中有一句："自荷钱出水之日，便为点缀绿波。"说的是新生的荷叶，即使很小，也开始了点缀清波绿水的作用。试想，没有荷叶的绿水，虽然也不差，但正是因为小小荷叶的点缀，才呈现出这么美好的画面来！正确的穿搭加上恰到好处的配饰，会让你的整体更加有画面感。这就是我对配饰的解语。

2.配饰的搭配技巧

无论是珠光宝气的奢侈品，如昂贵的手表、皮包等，还是饰品小店的廉价货，搭配不好，它们就没有价值，搭配好了，它们就是最亮眼的存在。有条件当然可以购买昂贵的珠宝首饰，但是就日常的穿搭而言，大家完全可以从一些时尚的饰品小店里多淘几件心仪又独特的饰品。现在很多银的、镀金的、珍珠的、水钻的首饰，基本就是百十元的价位，款式、颜色、图案等多到让人眼花缭乱。大家可以多尝试不同的风格，让不同的饰品来转变每日的不同激情。那不同的配饰该如何搭出正确感呢？下面教给大家几个小技巧。

（1）色彩对比

配饰可以传达色彩，通过色彩与服装、包包等的对比、呼应，来增加趣味和时尚度。如果感觉今天的穿搭有点儿素，可以通过彩色的毛绒耳环、有亮钻的胸针、彩色的发卡、古色古香的毛衣链等来打破死寂，增加整体装扮的灵动。

今天特别想穿一双粉色有可爱感的鞋子，但是一身灰白色的装扮，一个黑色的包包，让这双鞋子显得很突兀。出门的时间又到了，该怎么办呢？随手找出一个粉色的挂件挂在包包上，瞬间就会出现转机。建议大家平时多准备一些中意的小饰品。因为有的时候，全靠它们来救场。

（2）关联呼应

配饰可以跟服装呼应，也可以跟其他配饰相互呼应，使整体效果有组织、有纪律，并且不缺乏趣味。比如在色彩上，隐隐露出的红色内搭，可以通过红色的耳环、鞋子来达到相互之间的呼应。比起大面积的色彩主权，色彩小范围之间的互动、呼应，既不喧宾夺主，又能起到强大的视觉归一效果。

（3）夸张的配饰避免堆砌

如果耳环很大很有个性，那么项链就不要选择同类型的了，否则会出现堆积、沉重的感觉，或是抢了服装的风头，给人头重脚轻之感。耳饰和项链因为距离比较近，如果同时佩戴的话，建议选择配套的或同类型、同色调的款式。

（4）统一质感

配饰的色彩和服装色彩一样，也有冷暖色调之分。像金色的配饰给人偏温暖的感觉，属于暖色调，可以搭配暖色调的服装；银色的配饰比较低调、不张扬，属于冷色调，可以搭配冷色调的服装。

在耳环、手镯等不同配饰的选择上，要避免不同质感的混搭，比如时尚的 K 金耳饰和复古的玉石吊坠，就不太和谐。可能它们自己也在气愤地看着抢了风头的对方。

（5）多重配饰要追求不平衡

如今，谁还会在两个手腕上佩戴相同的手镯呢？那种戴法早已过时了不说，还显得拖沓、凌乱。我们可以将不同款式、质地的手镯戴在同一只手腕上，这种不平衡的戴法，一方面避免了配饰的堆砌，另一方面又赶了时髦。很多不对称的一对耳环，就是遵循这种不平衡的时尚感。在戴手表的一侧，也可以同时叠搭手链、手镯。

人们似乎不再盛装打扮自己了，我们必须改变这种状况。

——约翰·加利亚诺（鬼才服装设计师）

002　如何提高单品搭配率

"玩转"是当下的潮流语，我想将它运用到饰品的搭配上。因为只有玩得转，才会出现无限可能。越多搭配可能的饰品，其品性越"随和"，它们低调而又赋有内涵，不张扬，不耍个性，对主人有着无限的宠溺。你要做你饰品的伯乐，多去发掘，别埋没了它们无限可能的潜力。

1. 耳环

耳环是出镜率比较高的单品。因其贴近面部，而起到了美化肌肤、提升气色、提高颜值等作用。耳环的款式众多，我就不一一列举了，它们的势力几乎能涵盖所有的个性需求，并且涉及潮男群体。

不敢戴首饰的新手宝妈，完全可以用一对简洁的耳钉来告诉大家：生活没有完全错乱，我依然可以在照看宝宝的同时，安抚好自己的美丽。我能胜任新的身份。

长发飘飘的女孩，觉得反正耳朵被头发遮住了，于是很容易忽略耳饰。其实忽隐忽现狭长的耳环，能让你醒目又漂亮，头发里隐藏的皆是时尚。马尾、盘发或短发，对耳环的选择性更多。菱形的耳环可以衬托活泼和干练；夸张的耳环能彰显气势和魅惑；吊附式的耳环看上去典雅又大方；不对称的发型，可以通过只戴一只大耳环来起到平衡的作用，这样的造型别有一番风味。

耳环的选择也要根据脸形。圆形脸适合长而下垂的，比如水滴形耳环以及各种下垂的耳坠。方形脸适合圆形、椭圆形、玄月形、单片花瓣等可以使脸形显得狭长的耳环。菱形脸适合水滴形、栗子形等下边大于上边的耳环。倒三角形的脸，适合下边小于上边的耳环，起到使脸部线条柔和的平衡效果。瓜子脸、鹅蛋脸形是基本不挑耳环的脸形。

想要能应付所有的搭配，根据发型和脸形，我们至少要准备两种以上的耳环。当然，耳饰还是多多益善，每次逛饰品小店的时候，都可以选一个自己最心仪的。因为我相信，每天更换一对耳环的女孩，心情总不会太坏！

2. 项链

相对于耳环的多变，项链似乎被赋予了更多固定的意义，比如具有安全感的护身符、具有纪念意义的纪念品、祖传的珍品等，所以人们不太会经常更换项链。如果只选一条百搭项链的话，我建议是锁骨以下，胸部以上的短项链。这种长度的项链不分季节，不会像长毛衣链一样更适合秋冬佩戴，夏天也会让一件白 T 恤更出彩；也不会像锁骨链那样更适合炎热的夏季，冬天一样可以搭在毛衣外面，而且更加时髦。

3. 胸针

日常生活中，很少有人经常佩戴、更换胸针。其实胸针的位置很能体现存在感。那里似乎在向人们宣称你内心的想法。比如，有的胸针很独特，禁言的标志，告诉人们你今天心情不好，不太想说话。一些另类有恐怖标志的胸针，能让人产生不好相处的酷酷的感觉，增加距离感，从而给你想要的安全感。一些可爱的胸针，则能告诉大家，你是无害的，是需要被亲近的。

80后的小伙伴，是否记得上小学时校服上别的胸牌？上面会写上学校名称、班级和姓名。其实胸针无异于行走着的名片，不需文字和声音，仅用图案和设计风格，就能告诉大家，你大概是什么样的个性，或者你大概喜欢什么样的风格。

4. 发夹

你还记得最后一次戴发夹是什么时候吗？曾几何时，发夹一度从时尚圈中隐没，退出了我们的视线。如今，发夹带着甜甜复古的潮流，卷土重来。我个人蛮喜欢戴发夹的女孩。无论怎样，小小的装饰品，就是对生活的热爱和对自己的善待。

想要提高发夹的搭配率，根据服装风格来转变发型很有必要。淑女、浪漫风格的长卷发，将长发侧分，发夹夹到一侧，这样看上去像个小仙女。自然、少女风格松松散散的丸子头，也可以在一侧夹上好看的发夹。短发的女生尽可以用发夹别出清新自然、少年干练等不同的效果。

不同花样、形状、材质的发夹，能呈现出不同的搭配效果。比如珍珠发夹，适合小香风的淑女装扮；几只彩色的细发夹，适合可爱的少女风装扮。

5. 丝巾

奥黛丽·赫本对于丝巾有着由衷的热爱。她在《罗马假日》中佩戴过丝巾，在日常生活中也经常佩戴丝巾。她说："当我戴上丝巾的时候，我从未如此明确地感受到我是一个女人，美丽的女人。"其实一条丝巾可以搭配出很多的花样。最基础的使用方法是系在脖子上，一个整齐的蝴蝶结，古典而淑女。随意打一个结，是现在比较流行的风格。简单随意的造型加上丝巾原有的端庄气质，会带给现代女性更多知性感。在脖颈处绕两圈，再于一侧打一个结，既保暖又比厚重的围巾要轻便。

将丝巾留一个倒三角在胸前的系法，帅气而小叛逆，喜欢这一风格的不妨尝试看看。中长发的女孩，可以将丝巾绑在头发上，无论高低马尾，都会为你增加辨识度。

早上系了丝巾在脖子上，中午时候天气转热，就可以将丝巾解下来绑在手腕上，也很潮哟！也可以随手系在包包上，在爱马仕的包包中，用丝巾来做装饰是很常见的。

复古型的女性，可以在私人聚会等场所，试着将丝巾作为发带系在头部，丸子头、披散的头发都可以，这个方法也同样适用于来不及整理头发的时刻。前卫型的朋友，可以尝试将丝巾绕腰一周当腰带。这种系法真的很有时尚感，同时可以增加衣服的层次感，为你的穿搭增添活力。

6. 手表

最后说说手表。手表的意义已经从以传达时间为主，转变为以传达品位和价值为主了。着职业装的时候，金色、银色薄表盘的手表会让你看起来更有高级感。着休闲装的时候，那些数码屏幕或者金属带子的手表，更有休闲感。专门的运动手表，既增添了活力又不容易损坏。

穿上高跟鞋，你就变了。

——莫罗·伯拉尼克

003　鞋子样式与着装

　　我曾问过一个商场很厉害的销售员："怎么能看出一个顾客是否有钱去消费呢？"她回答说："我通常是看她们穿的鞋子。"我不知道在销售界，这个通过鞋子看人的方法是否百试百灵。但是我从她的回答中想告诉大家的是，鞋子看似在离脸最远的位置，然而它对于我们的整体形象却起着至关重要的作用。

　　通过观察一个人所穿的鞋子，我们可以获得最直接的社交信息。比如这个人是性感的、有女人味的，还是活泼的、有运动范儿的？这个人是大大咧咧、不修边幅的，还是极其讲究、注重细节的？诸如此类。其实女性在选择和购买鞋子这件事上，特别容易情绪化，一不小心就会买下一双看起来很漂亮但是穿起来特别不舒服的鞋子。我不建议这种做法，无论你在采购鞋子的过程中遇到怎样不合脚的挫折，都不要放弃找到那双适合又舒服的鞋子。毕竟，灰姑娘还有一双只有她能穿上的水晶鞋。

　　那么，买对了鞋子后，如何跟服装进行巧妙搭配呢？下面给出的这些建议，希望能对你的搭配有所帮助。

1. 不同款式的鞋子怎么搭

帆布鞋因轻便、"可甜可咸"、可高帮可低帮的造型，吸粉无数。在混搭成风的今天，帆布鞋几乎能与长裤、短裤、运动裤、牛仔裤、连衣裙、半身裙，儿童、青少年、中年人、老年人等统统相搭。它是个没脾气的家伙。阔腿裤流行的时候，帆布鞋也能搭得上，并且成为便捷、减龄的一组搭档。

随着潮流的变迁，乐福鞋早已不只是男性所独有的了。女性化的乐福鞋，不但大方、利落、简洁，还舒适、百搭。方头的乐福鞋，多了几分英气，适合中性风的穿搭，比如小西装套装。一件白色休闲舒适的衬衫搭配一条半身裙，加一双白色的乐福鞋，既和谐了色调，又显得干练，女人味十足。

飘逸的网纱裙，很受女孩们的喜爱，那么该如何给网纱裙搭一双合适的鞋子呢？当然，裙子和矮跟小皮鞋的搭配，是永远的经典。若想要凸显时尚品位，不妨也试试网红小脏鞋。比起小皮鞋的浪漫，小脏鞋更增添了田野的清新气息。在冬天这样搭，很容易打破沉闷，增添属于你的灵动。

高跟鞋不但能增加女性气息，还能凸显身材，让人看起来更加高挑。高跟鞋和连衣裙、半身裙的搭配，是最没道理可讲的和谐。

长筒靴是长腿女性的加持器。冬天雪地里，一条短裤、一双长筒靴，外搭一件短貂，既显高挑，又显时尚，并且皮质的靴子又很护膝，十分保暖。

2. 鞋子的搭配技巧

技巧一，根据颜色进行搭配。

作为整个身体的最下位置，鞋子的颜色要显得独特。这部分随着你的行走、跑跳的动感着的颜色不容小觑。作为百搭的颜色，黑色鞋子被更多的人选择。几乎每个人的鞋柜里都有几双黑色的鞋子。但是对于黑色的鞋子我们也要有所考量，比如，淡粉色、浅黄色、亚麻色等一些浅色系，如果跟黑色鞋子相搭，就会有一些脚重头轻的不和谐感。

在鞋子颜色的搭配技巧上，我们一般奉行类似色或相同色的搭配。如果服装的颜色较多，那黑色和白色的鞋子，就是最好的选择。

另外，在炎热的夏季，不建议大家穿黑色的鞋子，会给人缺乏活力、沉闷的感觉。黑色、咖啡色、土黄色等深色调更加适合冬季。冬季一双深色调的长靴或马丁靴，显得既庄重又有质感。春天和夏天，是白色、琥珀色、灰色系活跃的季节。

技巧二，根据身材进行搭配。

鞋跟的高度跟脚的长度是有比例关系的，所以高个子的女生更适合穿高跟鞋。身高在1.6米以下的女生，想要显高，那种小跟的高跟鞋刚刚好。因为鞋跟过高反而会让身体比例失去平衡，给人滑稽感。齐膝的高筒靴，能拉长身体比例，这没错。但是身材娇小的女性朋友就不太适合。因为齐膝的长靴会让她们显得更加矮小。胖胖的女性，要避免鞋子高、细、尖的雷区。矮胖的人穿皮靴会显得笨重；又高又胖的人穿皮靴，则会失去女性的温柔感。

技巧三，根据整体性的统一进行搭配。

色彩和身材比例都搭调了，我们还要注意鞋子与服装质感上的统一性。运动鞋非常舒适，近两年来，样式也越来越多样化、时尚化，是很多演员、明星机场秀的首选款。因为他们的私服大多以休闲装为主，运动鞋是休闲装的最佳搭档。自然的棉麻装，少不了轻柔休闲的鞋子。就像不让旗袍和高跟鞋搭仿佛是罪孽一样，紧身裤和高帮的运动鞋，很能拉长身高；穿丝质连衣裙的姑娘，如果脚踩一双麻边的凉鞋，则尽显少女般浪漫的情怀。

不合时尚，就像脱离了这个世界。

——科·西勃《爱情的最后一着》

004　包包这样搭更时尚

你知道吗？包包的兴起和发展，跟服装的演变有着密切的关系。19世纪末，即清朝末年，修身的旗袍引领潮流，但是旗袍为了美观并没有口袋的设计，于是为了携带小物件的系带网兜应时而生。20世纪，随着香烟的兴起，美观的烟盒成为女性时尚的装饰品，而小盒子式的包包也顺势夺取了女性的芳心。20世纪30年代，以好莱坞为首的电影行业迅速崛起，明星们时髦的穿着打扮，对时尚有着巨大的影响。包饰有了更多的造型，并被赋予了除实用性外更多的时尚意义。而今，潮流的迭代更换，使得包饰呈现出多样化的精彩。

现在的都市女性，出门不拎个包包，似乎是少了整个世界，不亚于出门忘记带手机的不安全感。这种感觉，也许是因为摸不到包包里的粉底、口红、防晒霜所造成的，也或许是因为手机、钥匙、重要证件无处安放的紧张感。总之，包包已然成为女性必须且重要的装备。

那么，成为你每天装饰的重要分子，包包如何搭配才正确呢？下面我就给出这方面的一些建议。

1. 不同颜色包包搭配技巧

白色虽然百搭，但白色衣服还是和柔和色调的包包更搭，比如淡黄色、淡粉色、淡紫色等，并且白色就像土豆一样，和其他东西搭配就会被染成其他的味道。白色衣服和淡粉色的包包相搭，整体就会偏粉色的温馨、可爱。白色衣服和黄色的包包相搭，整体就会偏黄色的灿烂、温暖。如果非要营造色彩对比强烈的效果，也是可行的，毕竟白色有着基础色的称号。比如白色衣服搭配大红色的包包，会组合出时尚、热情又大胆的效果。

黑色衣服和无论什么颜色的包包相搭，都会另有风味。黑色衣服和黑色包包搭，是准备将帅气或暗黑的心情进行到底；和红色包包，是经典的搭配，因为红与黑的组合本身就是不灭的经典。如果想要追赶潮流，更多出现在日韩时装秀中的黑色衣服和米色包包组合，可以尝试一下。

蓝色衣服有着较为内敛的气质，搭近似色，整体会非常融洽，给人干净、沉稳的感觉。想要给人得体、专业的感觉，可以试试近似黑色的深蓝职业套装（裤装、紧身的半身裙套装都可以）搭配颜色内敛的，比如黑色、水蓝色、灰色的包包。蓝色上衣和红色包包搭，会为你增添妩媚。蓝色上衣和灰色条纹包包搭，能凸显你优雅的一面。

绿色衣服本身就能给人温暖、素雅的好感，适合跟浅黄、浅红、浅蓝等浅色系的包包相搭，能给人清纯的氧气感。

米色衣服成为近来的流行。一方面是因为极简风对人们穿搭观念的影响；另一方面，米色的衣服的确能给人优雅而不炫目的舒适感，想要配得上它的简约、知性，款式过于前卫和颜色过于张扬的包包就算了吧。

紫色总给人一股贵气感，紫色的衣服和颜色相近的包包搭配，最好有一些亮亮的元素，比如带水钻的淡紫色包包，或亮面的紫色包包，既从容又优雅。

褐色衣服对包包的选择性较窄。和万能的白色搭，会有一股清纯在流淌；跟红色的包包搭，在为整体提鲜的同时，既生动又俏皮。

2. 包包的搭配技巧

技巧一，同色系搭配。

在前面的内容中，我们其实就可以了解到，同色系的衣服和包包搭配，是最简单、耐看的搭配方法。比如黑色衣服搭配黑色的包包，如果担心过于乏味单调，可以在面料的区分上制造层次感。灰色衣服和灰色的包包搭配，很容易出现高级感。没有这种感觉的朋友，问题很可能出在你并没有注意对颜色深浅进行一下规划，学会将深浅不一的高级灰进行合理的搭配，会让你的衣品拔高一度。

技巧二，取色搭配。

取色搭配，字如其意，就是从服装的颜色素材中，取一种颜色来跟包包的颜色相搭配。比如红色的开领衬衣、高腰的蓝色阔腿裤，我们完全可以取其中红色或蓝色的元素来定位包包的颜色。如果在这套服装外，再加一件棕色格子的毛呢大衣，那我们也可以将手中的包包换成棕色的。如果你今天穿的服装，就是没有近似色的包包可以搭，那么就选一条和你今天想挎的包包颜色相接近的丝巾、皮带或鞋子来归队和谐。

在取色的搭配技巧中，我们也要注意，全身色彩不超过 3 种为宜的法则。

技巧三，撞色搭配。

偶尔玩转一下撞色，也是转换心情所必要的乐趣。但要注意，撞色不等同于乱搭颜色。服装和包包的撞色，是对时尚、个性的加分项，而绝非滑稽点。一般来说，那种较暗的湖蓝色和暗红色相搭，会有一种复古的情怀。

技巧四，风格搭配。

在选择今天的包包时，我们也可以从包包与今天服装是否在风格上统一来拿取。比如碎花的连衣裙，搭配帆布大口袋，就能打造休闲的度假风；有民族元素的服装，搭配一个草编的小拎包，既有异域风情又个性十足。

技巧五，比例分割法。

比例在我们的穿搭中，同样举足轻重。很多人穿衣失败，就败在比例这样的细节中。比如同样一个斜挎包，在胯骨的位置就刚刚好；在短于胯骨的腹部，会更有青春时尚的蓬勃朝气；但若在长于胯骨的大腿位置，则显得拖沓，没有精神。

时髦是摆脱了粗俗之后的优雅，因而，它最怕被新的时髦所代替。

——威·赫兹里特

005　别忽视了腰带的时尚感

女生在时尚界很霸道，她们火眼金睛，连男性身上的时尚元素也不轻易放过。所以我们看到了男友风的衬衫和大 T 恤，看到了腰带的女性化，看到了一再变细的皮带革命！

诚然，腰带不是人人必须佩戴的，它的点睛作用也常常被大众忽略。所以这一节的关键词除了"腰带"就是"别忽视"了。因为腰带可以帮助凸显腰部曲线，可以提高腰线，可以提亮吸引注意等。没有哪个服装设计师会普通到能够忽视腰带的这些特殊作用。

1. 不同腰带的搭配要点

很细的皮腰带，是潮流下的弄潮儿，所以骨子里就透着一股潇洒劲儿。不显腰部又很中性风的连体裤，可以通过它来炫耀一下飒气，同时显摆一下腰部线条。而细的皮腰带搭配长款的西装外套，会给原本严肃、职业化的服装，增添女性化的标签。

细链的腰带，常常出现在时尚的年轻女孩身上。没错，有小腹的中年女性，就要避开这个雷区了。因为这种腰带，能不费吹灰之力地暴露你的身材缺陷。尽管它们又酷又潮，也不要轻易被引诱哦！其实，年轻女孩也未必能驾驭得了细链腰带所带来的难度，因为它不但要求身材，还要求你的服装要有型！随意将它搭在休闲装上的话，很容易出现破坏整体的反效果。

金属色的腰带，想要搭出优雅的气质，最好选择光泽度比较低的，比如接近香槟色的腰带。特别是夏天露出四肢的时候，光泽度高的金属色腰带会令我们的皮肤更加偏黄，显得没有精神。

腰封腰带是近来时尚界的宠儿。一般女性系上后，都会有英姿飒爽之态。不但凸显腰条，还能大面积地起到装点作用。只要你不是大腹便便，它就可以帮助你牢牢遮挡住肚子上的肉肉。

随着腰带风格的多样化，不同花饰的腰带频出，这种腰带因它春天般的美丽而傲娇起来，更适合腰部较细的姑娘去佩戴。哪怕你的腰够细，只是骨盆大了点儿，它都不乐意呢，因为不会好看。

2. 腰带搭配的注意事项

（1）要注意搭配的协调性

虽然现在是乱穿衣的世界，但是我要告诉你，那些是时尚金字塔顶层的事儿。殊不知，时尚也需要有闪光灯背景的，需要一群时尚设计师在一旁赞赏的目光。而我们不能在日常轧马路的时候，要求路人甲乙丙能理解你难懂的穿搭密语。因此，要避免用花式的腰带去配比较正式的套装，也要避免用夸张、另类的腰饰去搭配较为知性、简洁的服装。除了款式上，腰带也需要在颜色上和服装形成协调性。偏暗的服装要用深颜色的腰带，偏亮的服装要用浅颜色的腰带。

（2）注意和体形的和谐性

通常高瘦个子的女生更喜欢系腰带，从科学角度来说系腰带对她们是很有利的。这个类型的女孩子系腰带的话，能起到分割整体、拉长视觉宽度的作用。矮胖身材的女士，不太建议你们系腰带，如果是为了整体穿搭的效果或个人喜好等，需要系腰带的话，我的建议是要选择细小简洁的款式。因为那些宽大的、花样繁多的腰带，不但不会为你们的身材做遮掩，反而会突出缺点。上身长下身短的朋友，可以通过腰带的上提，来和谐身体比例。

（3）注意和场合的融入性

休闲逛街的时候不用说了，只要腰带搭配得时髦、美观、和谐就 OK。朋友聚会、晚宴等场合，我们的服装通常会比较隆重、华丽，所以可以选择设计较为艺术一点儿的腰带，比如带有金属设计元素的腰带、细链条状的腰带。

（4）注意系腰带的礼仪

在别人面前整理腰带是很有损形象的行为，特别是被美好光环所笼罩的女士们。所以装扮好了，出门之前，一定要对着镜子再三检查你的腰带是否系得有偏差，是否有可能会松动，以及松紧的舒适度如何，是否需要再进行调整。

在进餐时，无论吃得有多撑，也不要当众去解腰带。这样一方面不礼貌，另一方面也对你的健康不利，很容易造成胃部下垂哦。

对于我们来说，时尚是现实的解毒剂。

——维果罗夫品牌创始人

第六章
穿搭达人——驯服的衣橱

　　是时候来给给你的衣柜做个减法了。《断舍离》中说："不管东西有多贵，有多稀有，能够按照自己是否需要来判断的人才够强大。"如果5年都没有上过身的衣服，我建议你要断舍离，除非它有着特殊的纪念意义。还有那些早已过时，又因为当年那份喜爱的心情而不忍转手他人的衣服和那些跟你现在的身材已然搭不上的衣服等，都需要给它们开一场送别会了。服装不是越

多越好，而是几件适合的精品就能搭出很多不同效果的为妙，当然，你可以拥有众多这样的精品。能有这样衣橱的女主人，是理性和有穿搭想法的。

　　哈佛商学院对家居环境饶有兴趣，他们通过研究得出结论：幸福感越强的成功人士，他们的家居环境往往越干净整洁；而那些不幸的人，他们的生活环境往往凌乱而肮脏。从科学角度讲，整洁、有序的家居环境，一方面能减少灰尘的吸入，减少螨虫等细菌的滋生；另一方面可以帮助我们塑造良性的"心理磁场"，使我们的内心归于简单的平静。整理你的衣橱也一样，井井有条的衣橱，会让你的每场变装秀都不慌乱。

　　有科学研究显示，频繁的慌张，只会增加眩晕、心悸等健康隐患出现的概率，所以我们要学会给生活减压，对于能力范围内能掌控的环境，尽量将其营造为让我们安心的样子。对于女性来说，你的老公可以让你气噎，你的孩子可以让你抓狂，但你的衣橱应该是臣服于你的所在。在那里，你可以成为自己，成为你想要的样子。

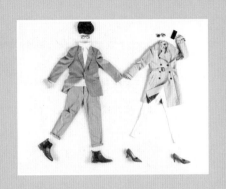

001　手把手教你搭配新装

　　为什么说女人的衣橱里总是少一件衣服？别说男性朋友们纳闷，其实连女性自己也说不清问题的根源在哪里。有一个比较搞笑的视频，拍的是这样一件事：老婆说自己没有衣服穿了，老公立马瞪大眼睛、张大嘴巴，转头从衣柜里抱出一捧又一捧的堆了满床的衣服，然后暴跳如雷地质问道："没有衣服穿？"视频很搞笑，内容却极度真实。这是多少夫妻的真实写照啊，妻子总抱怨没有衣服穿了，丈夫又很不理解，那么多的衣服，怎么就会没有衣服穿了呢？是太矫情了吧，是又想买新衣服了吧？

　　其实真的不是女人的购物瘾又犯了，拥有一柜子衣服的现实，诚然也的确不是"没有衣服穿"那么简单，她们缺少的是搭配衣服的观念。换句话说，衣服是足够了，就是搭不出好看的，所以总觉得还少那么几件能让搭配更完美的衣服。这样的女人，你让她再买一打新衣服回来，过后她还是会觉得少了些什么。那么该如何搭配我们衣橱里的服装，怎么搭配才能让新衣服找到归属感呢？首先我们要给衣橱来一次大扫除和断舍离。咱们长点儿心，别给老公一种你已经有很多衣服的遐想空间，适度做些断舍离，为你的衣橱减压的同时，还为新装的入手提供了更大的可能性。并且筛除掉那些能让你分神又并不想再穿的衣服，会让你的穿衣搭配更加省时省力。其次要养成关于穿搭的一些正确观念。

1. 取舍你的衣橱

这一节我们讲如何穿搭，那为什么要长篇大论地讲整理衣橱呢？其实，穿衣搭配不是随便地上装配下装、内搭和外搭的和谐那么简单，需要你有足够的耐心去重视细节，有足够的知识去寻找匹配色，有足够的勇气去尝试新的穿衣法。而一个井井有条的衣橱，恰恰能帮助你更好地观察到细节，更敏锐地觉察出流行元素在你衣橱中所占的比例是多少，并且也能给出你更多的精力去呵护与保养那些值得的衣服。

动动脑筋，根据前面讲过的二八法则，我们可以将服装分为基础款和个性款进行衣橱的分类。只要稍微改变一下这两种款式的搭配方式，就能保证你不再为每天穿同一套衣服而头疼。你的新衣服也可以马上找到组织，进入工作状态，为众多的搭配奉献自己。

好看的上衣不少，能与之搭出不同风格的下装却寥寥无几。这是通病，也是影响你穿衣搭配和造成衣橱凌乱感的一个因素。看看你的衣橱，如果也有这种情况的话，就需要舍弃些无关痛痒的上衣，加几件品质优良的下半身单品了。为何要强调"品质优良"呢？上衣可以是任意的美丽，但是牛仔裤也好，阔腿裤也罢，都是能拉开人与人之间品位差距的重要细节。不可否认，一件高档面料的品牌牛仔裤，就是要比路边几十元的牛仔裤更贴合、更舒适、更显高档。随着搭配阅历的增加，你会发现越是成熟的女性，越喜欢有品质的下半身单品。

衣橱里到底有多少衣服才算合适呢？这是一个无法用数字直接回复的问题。归根结底答案还是在你自己的心中，取决于你的职业对你的形象需求、你的喜好对你的穿搭要求。不要让服装牵着你喜怒的神经。说到底，服饰只是我们用以展示自我、充实靓丽、博得好状态与好心情的物品而已。所以，你的感受才是最重要的。衣橱不在大小，服装不在多少，"精锐"才是重点。怎样做到精锐呢？遇到可买可不买的衣服时，选择不买。遇到可弃又不舍得弃的衣服时，选择抛弃。往后余生所购买的衣服，不是为了增加衣服的数量，而是为了更新衣服的状态。

2. 新装的加减乘除法

对于基础款，我们要学会做"加法"。在购买一件基础款的时候，我们要考虑它是否能和其他三件或三件以上的衣服进行搭配。除此以外，四季的穿搭也可以做加法，即"2—3—4 加法原则"。夏天为"一件内搭 + 一件下装"；春秋为"一件内搭 + 一件下装 + 一件外套"；冬天为"两件内搭（打底内衣 / 打底背心 / 衬衫 + 毛衫 / 毛衣 / 卫衣）+ 一件下装 + 一件外套"。

减法指的是，对衣服的精锐和对购买欲的控制。一般来说，如果新衣服不能跟衣橱里的三件以上服装进行搭配的话，就不建议购买了。否则它依然会成为你穿了一周后就丢在角落里的单品。

同一件衣服能穿三个季节，就是为你的衣橱做乘法。

对于是否购买一件价格不菲的衣服，我们可以用除法来做考量。即平均每次消费额 = 原始价格 / 使用次数 / 年限。

掌握这些数学法则，会让你迅速搭配出让人耳目一新的穿着。

热情是美丽的秘密。没有热情的美丽是没有吸引力的。

——克里斯汀·迪奥（迪奥品牌创始人）

002　让穿搭井然有序

当你带着填补衣橱空缺的任务进行购物时，那么恭喜你，你已经脱离了服装的消费盲区了。但是在如此正确的道路上，我们依然需要砥砺前行，因为买衣服这件事总是那么的千百度，需要你蓦然回首的惊喜。所以，不要着急，变美从来不是一天的工夫。那种想省时省事，一下子购买十几、二十件衣服的姑娘，大多数会后悔自己的选择。好衣服需要慢慢积累。让耗费精力的穿搭成为一件有章可循的事，需要时光的沉淀。

当你的众多衣服中没有一件废品时，你对衣橱的整理也就有思路了；当你的衣橱有序了，你的穿搭离井然有序便不远了。

1. 让穿搭成为一种综合美

"综合"是一个逻辑性名词，意思是将各个部分各种属性联合成一个统一的整体。而从头到脚的穿搭，本身就应该体现一种综合的效果。服装的综合美还体现在流行美、个性美以及内在、外在的美。

第一，流行美。这是服饰的时尚感被大众接受后，所形成的潮流。在互联网时代，流行更具有覆盖性和影响力。流行美更多的是迎合大众审美。我认为，我们不要对流行无条件地全盘接受，也不要忽视甚至藐视流行。对于流行的美，我们要做一个观察员，取其精髓，融入个性，如此才好。

第二，个性美。每个人都是那一片不同的叶子，每个人都有自己的个性。问题是，个性无关美丑，看你如何去装点和释放它。万物都有其抛物线，时尚也一样，我们不要去追求最时髦的东西，因为只要到达了抛物线的顶点，就注定会走下坡路，所以最时髦往往是最没有生命力的。我们的个性美也一样，要让它润物细无声般地慢慢释放，要慢慢将我们的性格、爱好、风趣等融入我们的穿搭中，从而产生别具一格的美。

第三，外在美。其实穿衣搭配，首先能带给我们的就是直接表露在外的美。你说你的服装能体现优雅、能彰显气质、能流露知性，那些只是外在美附加给你的东西，是需要靠正确的穿衣搭配来体现的。即便如此，外在美对我们行走江湖也有着至关重要的作用。

第四，内在美。人的年纪越大，越容易从脸上看到性格。这是因为你内在的学识、教养、知识、想法等，会慢慢渗透在你的外在上，能改变你的容颜，能影响你的品位和穿着。可以说，人的内在和外在是相辅相成的，有着剪不断的相互影响。你优雅的穿衣风格，离不开举手投足间的优美，离不开话语间的聪慧和温婉。你也无法让一个淑女，将前卫或少年风格穿出和谐感。能让内在美与外在美相互衬托，让流行美与个性美相互融合，才是最完美的形象。

2.养成良好的穿搭观念

第一，整体观。上衣再好看，下装不给力也徒劳。外套再华丽，内搭出了错也枉然。所以，对于穿搭我们一定要有俯视的整体观。经常照照镜子。美学家贡布里希在《艺术与错觉》中说过："哪怕是对衣着最为敏感的妇女，也不会说她不用戴在头上对着镜子试一试，就能预言一顶帽子对她合适不合适。因为任何线条、任何色调都可能以最出人意料的方式改变她的相貌。"我非常赞成这句话，一顶帽子尚且如此，何况我们整身的装扮。

在你准备今天的装扮之前，可以闭上眼睛，让脑海里浮现出你今天想要呈现的整体效果。在装扮的过程中要反复对照镜子去确认，不要放过任何细节。因为你身上的每一处，你的发型、配饰、妆容，都是你今天样子的一部分。哪个部分没有到位，都会影响你今天的整体表现力。

第二，体形观。体形影响服装的选择。很多身材不是很好的女性，选衣服的时候特别苦恼，觉得自己穿什么都不好看。其实只要学会如何穿搭，完全可以通过服装来为身材扬长避短。

第三，肤色观。将服装的色彩看成穿在身上的"肤色"，你就成熟了。前面我讲到过，如何根据人体色来选择穿搭。通过肤色，我们可以大致决定适合自己的色系；通过色系，我们可以很快锁定穿在身上的目标。

我设计的不是衣服，我设计的是梦想。

——拉夫·劳伦（拉夫劳伦品牌设计师）

003　拯救你的衣荒

如果又到了没什么衣服穿的换季时节了，那你该好好看看这一节的内容。有时候我们真正缺少的不是衣服，而是如何搭配衣服的方法和观念。

有些暴发户为什么有钱了还穿得显土气？就是因为穿搭是一件需要时间和经历，细水长流的事情。你不能妄想通过一次性购买几十套名贵衣服而搞懂正确的穿搭方式，说实话，你也不可能仅仅通过阅读这篇文章，就能一夜之间成为穿搭能手。正确的穿搭观念和方式，加上坚持不懈的亲身尝试，才能获得成功。

1. 如何选购适合你的服装

我们常常不知道自己该穿什么。每次出门说好了是去选购衣服，最后却空手而归，至少没能买到心仪的服装。越是到了那些令人眼花缭乱的服装市场，越是感觉无从下手，其实这正是由于你没能认识到自己适合的穿衣风格，以及基础单品的重要性。千奇百怪的服装真的不需要多，能让穿搭真正丰盈起来的，其实就是基础单品。所以，我们要随着季节和时尚的变换，不断更新衣橱里的基础单品款式。方向有了，下次选购衣服时，你还要牢记"宁可精而少，不要烂而多"的口诀。因为基础单品也有各自的面料、裁剪、细节、风格等的不同，所以精挑细选才是硬道理。我觉得比起抱着一堆无用衣服回到家的购物体验，空手而归至少是能控制住购物欲的理智行为。

如果在购买服装时，你也遇到了以下几种情况，那我建议你最好不要购买。第一种，如果我再瘦一点儿，就能穿了。通常这种等你减肥成功的衣服，最终的结果就是持续性等待在你的衣橱里。第二种，这件上衣只有和那件裙子才能搭。通常这样的上衣在你的衣橱里活跃不过一个季度。第三种，和你衣橱里大部分衣服不同色系的。因为这种衣服比较难搭，最终也是搁置的结果。第四种，觉得能穿一辈子的衣服。这种衣服有没有？还真有，但是能穿一辈子的衣服，要么是平淡无奇，毫无风格和个性可言，要么是过于老气，你品，你细品。

2.解读时尚的套路

（1）穿得随意，显得精致

相信大家对日系随意而文艺的穿搭风格有一定的了解。那种舒适、知性又不乏特色的穿搭方式很适合亚洲女性，所以在中国也颇为流行。大家在参照这种日系风的时候要注意，随意并不代表不精致，那是一种细细打磨后的随意。比如面料是纯棉的，颜色是素雅的，裁剪是律动的，等等。

（2）穿着减龄，又有韵味

随着年龄的增长，我们都希望能在穿搭上抹去岁月的痕迹，但又不敢穿得过于"小孩化"。其实减龄并不意味着服装要多么青春不羁。我们完全可以通过一件小 V 领、一件小马甲、一个牛油果绿或柠檬黄的青春色彩来让造型趋于年轻化。

（3）轻盈与厚重的转换，提升时尚度

仔细观察日系的流行款，几乎都比较简洁。没错，日系风尚所追捧的就是穿搭的"轻盈"。对于初涉时尚的姑娘来说，这是比较容易揣摩的一种时髦穿搭方式。而韩系的流行款，更加注重叠穿的厚重感。一件很漂亮的衬衫，还要再套一件针织的马甲，搭配小短裤和一双长筒靴，韩范儿的氧气少女就成了。外面再叠穿一件呢大衣的案例，在韩系潮流中比比皆是。网络的开放，让很多时尚资讯不再被少数派掌握，大家可以多上网浏览一下当下流行的穿搭款式。

牛仔裤象征着流行的民主，风格与流行之间的不同在于质量。

——阿玛尼（乔治·阿玛尼公司创始人）

004　必收的百搭单品

虽然时尚有自己的想法，但是无论它如何任性，有些单品就是不会退出它的舞台。比如历久弥新的牛仔裤、呢大衣、白衬衫等。它们成为衣橱里必备的单品，百搭而不易出错，可高级可休闲。

让百搭的基础款占据全身穿搭的 70%，另外的 30% 任意搭配，就会出现不同的创意和感觉。有个女性朋友特意邀请我到她家去参观衣帽间，衣帽间很漂亮，挂着琳琅满目的服装，很多高级商品。但是我一眼就看出了问题：色彩过于凌乱。于是我问她："你的这些衣服感觉好搭配吗？"她马上说："我正想请教你，我的衣服你也看到了，这么大的衣帽间都快要装不下了，可是总感觉出门不知道该怎么穿好。尤其是冬天，感觉哪件配哪件都不好看。我还得继续买吗？"我告诉她，问题出在她的衣橱里少了很多百搭的基础款。显然那些是她曾经瞧不上眼的，但是我告诉她，基础款必须要有，如果想要与众不同，可以在细节设计上找到自己能接受的款式。因为没有基础款，再多的衣服也只有单独穿的时候才亮眼。想要玩转个性，让一件衣服搭配出不同的效果，那你一定要拥有这些必备单品。

1. 牛仔裤

牛仔裤因其耐磨、耐脏、服帖、舒适等特点成为男女老少的日常便裤。随着消费群体的广泛，牛仔裤也不断推陈出新，背带的、破洞的、水洗的、毛边的，让本就百搭的牛仔裤更加受欢迎。在岁月的蹉跎中，牛仔裤已然形成一种文化，讲着燃酷的故事，成为历久不衰的经典。购买牛仔裤时，首先要看舒适度，那种粗制滥造的产品，穿上以后也会有磨皮肤的感觉。其次要看是否显型。无论是直筒、紧身、阔腿还是背带的牛仔裤，只要贴合人体设计，都会显现好的效果。那种穿上去显腿短、显胖、显腰粗的牛仔裤，再喜欢也要果断放弃。

2. 白衬衫

张爱玲在《对照记》里说："人的一生好像最后只会留下几件衣服的回忆，当然不只是衣服，而是那件衣服里的自己。对于男人来说，一生陪伴走到最后的衣物，有一件必是衬衫。"可见衬衫的旷久影响力。19世纪后半叶，维多利亚女王时期，衬衫开始从高领改革为现代的立翻领，并逐渐衍变成现代女性的时髦百搭单品。

从颜色上，白色是百搭的基础色。从款式上，白衬衫有着成就其他衣服的格局。从风格上，白衬衫可正式、可职业、可休闲、可前卫、可甜美，亦可以中性。如果衣橱中不备一件白衬衫的话，似乎都对不起它的多面性。

3. 连衣裙

古代女性上下相连的服装，应该就是连衣裙的雏形。其经典度无须我再赘述。下摆随着女性步伐而摇曳的感觉，加之凸显身段的线条，使得连衣裙比其他单品更具备女性的气息。

如果你想通过连衣裙来体现浪漫，那你就是个浪漫的女人；如果你想通过连衣裙来体现性感，那你就是个性感的女人；如果你想通过连衣裙来体现庄重，那你就是个庄重的女人……总之，连衣裙的多样化，让女性身上一切美好的形容词，都能可视化。

4. 西装外套

女性化的西装外套，不但可以提升气质还能搭出很多你想要的风格。一件打底的黑色针织背心，配合 A 字的深粉色半身裙，再外搭一件挺括的浅粉色西装外套，既个性又可爱。小香风的西装外套，自有一番高贵与淑女的韵味儿；修身的西装外套，既显型又显干练、飒爽。如此保暖又百搭的西装外套，你确定不囤两件吗？

5. 白 T 恤

相对于白色衬衫而言，白色 T 恤更具有包容性。它是休闲装的元老，搭配任意风格的休闲装都毫无压力。白色 T 恤可搭四季，宽大的白 T 恤和短裙短裤的搭配，很能给人活力、健康的感觉。简单的短款白 T 恤搭配一条休闲长裤，是现在流行的夏季穿着，年轻人身上那股子热血朝气，瞬间就有了。

6. 风衣

没有风衣的女性，都不要说自己有品位。换句话说，有品位的女性，都会在衣橱里准备至少一件风衣。女性需要被呵护的心情，在春秋甚至初冬，都少不了风衣的作陪。随着时尚的解读与涉足，风衣虽然也呈现了多样化的款式，但经典的总是那几款永恒的样子。比如卡其色、双排扣、大翻领的中长款风衣。

对于一个人来说，最重要的关系是你与自我的关系。因为不管发生什么，你只能自己陪着自己。

——黛安·冯·芙斯滕伯格（美国时尚教母）

005　同一件衣服为什么你穿就不好看

明明参照模特的款式去买的衣服，为什么自己穿上就土里土气？买家秀和卖家秀为何能出现搞笑的穿着差距？问题出在哪里？我们该怎么做才能避免穿衣搭配上一个又一个的雷区？

我知道你心中的疑惑还有很多，在穿衣的几十年历程中，至少是懂得让自己穿出风格、穿出时尚感的几年时光中，你遇到了很多坑，枉费了不少时间和金钱。我要告诉你，其实曲折是通往每一个成功的必经之路。如果你感到困惑和问题重重时，我要恭喜你，因为你在认真思考穿搭这件事，你离成功已经不再遥远了。

1.几个案例

第一，同一款小香风的外套，为什么看别人穿都是十足的淑女范儿，而我穿就显得粗壮而土气呢？

显得粗壮，是因为衣服过紧了，或裁剪上并不适合你的体形。粗壮感自然会毁了女性的韵味，而小香风的外套最大的特点就是散发着小女人的味道。因此粗壮的人穿上去，总会有一种衣不称身的不协调感。我们可以通过加大号码或选择相似款型但裁剪上更贴合你的身材来规避问题。

第二，看别人穿长筒靴都很飒，甚至有些比我还矮的人都能穿出好看来，为什么偏偏我穿就不显高呢？

相似的款式，我们在选购的时候，一定要结合自身的特点来考察细节。如果个子不是很高挑的女士，在选择长筒靴的时候，就要尽量避免过膝的高度。在膝盖以下刚刚好。长筒靴搭配短裙或短裤是人人都能心领神会的搭配法则。但是短裙或短裤的长度以多少为宜，很多人可能就不清楚了。原则上，短裙或短裤距离长筒靴顶端的位置越远，就越会拉长身体比例而显高，即大腿部露出的面积越大越显高。

第三，同一件衬衫，为什么别人穿那么时尚，我穿就显得中规中矩？

中规中矩是因为你穿的是衣服本来的样子，而没能穿出自己的样子。比如将衬衫最上面的两三颗扣子解开，露出胸前的肌肤和项链，来制造一种轻盈感和时尚感。同一款鞋子也可以利用这种方法，通过露出脚踝来制造轻盈、舒适的感觉。

2. 几处细节

第一，服装的配色问题。同样的款式，很有可能是因为颜色过暗一点儿或过亮一点儿而导致并不适合你的肤色。或者同样的颜色，也许并不适合你的肤色，导致别人穿上像小仙女，而你穿上后则显得格格不入或很土气。

第二，松紧要有度。这也是胖姑娘会感慨说"瘦的人穿什么都好看"的原因，因为过紧的衣服，只会让她们显得很"壮"，从而没有什么美感可言。所以大家要根据自己的体形来择衣。同款的衣服，胖姑娘要跟瘦姑娘一样，让衣服和自己的身体之间留有一定的空间，即松紧有度。

第三，注重细节。同样是 T 恤，对细节的选择不同，也会出现不同的情况。比如脖子长的女士，就可以选择圆领的 T 恤；脖子短的女士，则可以选择 V 领的 T 恤。想要显得身材高挑，可以将 T 恤的正前方下摆处打一个结，结果就会显得大大不同。这就是细节决定成败。

一个人的房子，一个人的家具，一个人的衣服，他所读的书，他所交的朋友，这一切都是他自身的表现。

——亨利·詹姆斯（英籍美裔小说家）

第七章
穿搭学士——扬长避短法

试想，如果凡事都是完美的，我们的长相是无可挑剔的，我们的身材是一级棒的，我们的收入是足够挥霍的，我们的爱情是幸福无比的……那生活会不会少了很多乐趣。我没有多余的财富去浪费，所以偶尔入手一件心仪已久的首饰，便激动不已。我尝到了谈恋爱这件事的苦涩，所以当真正对的人出现的时候，我是多么珍惜跟她（他）在一起的分分秒秒。我相貌平平，所

以期待着每天不同妆容和穿搭带给我的惊喜。我身材有着不完美的缺点，因此能通过穿衣搭配的正确方式来得到改善，这将是一件多么挑战智慧和充满乐趣的事啊！

扬长避短因不同人各自的不完美，被完美地运用在了服装搭配中。放大优势、规避缺点，可以让我们展现更好的自己。大多数人不喜欢"心机女"这样的称谓，似乎它隐喻的就是不善良、假人假面、钩心斗角等负面的东西。我倒不这么认为，我觉得"心机女"是个中性词，其中不乏刚讲过的负面的东西，但是也有为了正义、为了美好等而付出的小"心机"。只要是正向的力量，都值得被赞扬。在学习如何穿衣搭配中，我们必须要点儿小心机。将自身的劣势最小化，将优势放大化。

这是扬长避短法的精神层面。我们没有必要去追求将最真实的自己展示于人前的真诚。没人会因为你突出的小肚腩、过于肥大的臀部而认为你是自然美。如果你说，毕加索笔下的裸体好身材都不怎么样，还不是一样被欣赏，那么我要告诉你，正因如此，那些名画上的女人只是艺术品。自然一定要是美的，否则那就是"不自然"，甚至是有碍于自然的缺陷。所以，姑娘们，对于自身的不完美，笑着告诉自己：人无完人！然后自信地接受。接着，就是扬长避短的那些小心机了！

001　如何显得瘦长美

因为有太多的不快乐，所以我们期待快乐；因为有太多的遗憾，所以我们渴望圆满。不是每个姑娘都是天生的白富美。那诚然很幸运，但是对于美，一千万个人的眼中会有一千万种解读。蒙娜丽莎漂亮吗？无论你的答案是肯定的还是否定的，都不得不承认，这个胖胖的外国姑娘，用她独特的微笑，征服了全世界。《简·爱》中，女主人公说："我贫穷、卑微、不美丽，但当我们的灵魂穿过坟墓来到上帝面前时，我们都是平等的。"

姑娘，无论你是胖是瘦，是高是矮，是容貌出众还是相貌平平，请你相信，追求美丽，人人都是平等的。在个人魅力这件事上，你并不比任何人低一头，只要你愿意去散发属于你的光芒。也请你相信，追求美好的过程，远比美好本身更重要。

不要自暴自弃，又自怨自艾地觉得：为什么我就遇不到爱情和好的机遇？这就是我为什么强调女孩子一定要每天都光鲜靓丽，拿出你最好的状态，时间久了，你就会发现：这么美好的样子，就应该是我本来的样子。于是，你成了更好的你。否则，一旦有一天美好的事物出现在面前，你又拿什么与之相配呢?

让自己变得美好的第一步,不妨从如何让自己变得瘦长美开始吧!

1. 显瘦穿搭小技巧

(1)黑色显瘦。黑色或深色衣服有收缩的视觉效果,这一点我反复强调过了,相信大家自己也深有体会。人的身体比例往往是不和谐的情况多,比如下半身比上半身更显粗壮,这个时候就要避免白色、黄色等浅色系的裤装了,否则会让腿部显得更加粗壮。有一次,一个著名演员在舞台上穿了一条左边腿是白色、右边腿是黑色的潮裤,细心的朋友能发现,黑色的那边要明显比白色的那边显瘦。

(2)大围巾的巧功劳。秋冬寒冷的季节,系一条时髦的大围巾,不但保暖,还能通过对比显脸小哦。有双下巴问题的女士,也可以通过一条大围巾来遮住。寒风中,将脸低藏在围巾里,真是韩剧中惹人疼爱的女主人公的感觉呢。

(3)敞怀的外套更显瘦。小西装也好,呢大衣也好,将扣子系得严严实实的年代已经过去了。要么只系一两颗扣子的简单时尚感,要么可以完全敞怀,那种在身上晃荡的既视感,能给人骨架娇小的感觉。

(4)薄针织的五分袖上衣。这种针织上衣,在近两年更多地出现在大众视野里。相信看到的人都会有这种感觉:穿的人好瘦、好时髦啊!针织面料本身就比较贴身,显胸部,显身材,更有将手臂赘肉塑紧的效果。薄针织一般都有着较好的松紧度,稍微有点儿肚腩的女士,也可以大胆尝试下。搭配一条高腰的直筒西装款短裤,不仅显瘦还能显高。

(5)宽檐的帽子,可以显脸小。我们可以根据服装风格来选择不同款式的宽檐帽子。比如冬天一件银灰色的毛衫，就可以搭配一顶同为灰色系的宽边圆礼帽。

（6）夸张的耳饰也会让脸部显小。如果服装没有过于复杂、累赘的话，可以戴一对比较夸张的大耳环来显瘦并提升时尚度。

（7）在显瘦的道路上，很多人容易忽视掉包包的力量，导致明明服装很显瘦了，却因为一个超级大挎包，而整体垮掉了。原则上包包的体积越小才会越显高。

（8）上身想显瘦，大V领是必须要有的单品。无论毛衫、打底衫，只要有V领的存在，就能帮助你拉长脖子的长度，让上半身显得更加修长，顺带着还将脸显得更小了。

2. 显高穿搭小技巧

（1）能选七、八、九分的裤子，就不选长裤。露出脚踝的九分裤，或露出小腿的七、八分裤型，远比长裤要拉长身高。都说阔腿裤不适合矮个子的女性穿，其实，喜欢的话，完全可以通过露出脚踝来拉长比例。搭配一双中跟或矮跟的鞋子，就再好不过了。

（2）"下衣失踪"不只是明星们的机场秀。无论春夏秋冬，"下衣失踪"都是明星机场秀的常用套路。因为这种穿搭方式，想不显腿长都难。"下衣失踪"的原则就是上衣要能至少盖住臀部。

（3）高腰的裤子。高腰能通过拉高腰线来拉长腿部的线条，因为下身显长会比上身显长更显身高。高腰的半身裙显高，也是同样的道理。

（4）不过膝的裙子。裙子过长，人也会有一种下垂感，不利于身高的显现。高腰的短裙，会让我们在穿裙子的同时，又能露出两条大长腿，很能拉长腿部的线条呢。

（5）同色系的裤子和鞋子。裤子和鞋子为相同颜色的话，不但整齐、清爽，还能显腿长。

（6）同色系的套装。上衣、下装同一种颜色，会有垂直的延伸感，从而能拉长身体曲线。

（7）让内搭上下同色，特别是同为深色，再搭配一件浅色的外套，显瘦的同时又会显得很高挑。

（8）黄皮肤的人穿黄色的衣服会更加显白。

时装是建筑学，它跟比例有关。

——可可·香奈儿

002　测测你的身材类型

　　体形偏瘦的人，可以通过暖色或浅色的服装来显胖；体形偏胖的人，可以通过暗色或冷色来显瘦；体形矮小的人，不太适合深冷的颜色，因为这些颜色有缩小的视觉效果；体形矮胖的人，又比较适合素雅的冷色，同样有缩紧、显瘦的效果。你清楚自己的身材最接近什么类型吗？了解自己的身材也是了解自己穿衣风格的一部分。无论你是20多岁、30多岁还是40多岁，如果你还不清楚自己接近哪种身材，从现在开始正视并认识，都不会太晚。

　　对于身材的测量，我们一般需要根据身高、上身长、下身长、头长以及肩围、胸围、腰围和臀围这四围的尺寸来具体确定。如果胸围减去腰围差在18—20厘米，则是最理想的胸围；如果臀围减去腰围差在23—25厘米，则是最理想的腰围。

1. 传统的五种身材类型

（1）A形身材

A形也叫苹果形身材。其突出的特点是，臀部比上半身的胸部和肩部都要略宽，而腰围小于臀围。使得整个身材呈现上身细、下身粗的趋势，非常不美观。如何用服装巧妙地遮盖臀部轮廓，是这种身材人在穿搭上的侧重点。

（2）X形身材

X形也叫沙漏形身材，是12种类型身材中比较完美的身材。她们的臀围基本等于肩围。可以说这种类型的女孩有胸有屁股，并且细腰，腿的比例也刚刚好。但这种完美并不最受模特界的欢迎，而是在明星、网红圈子里走红。比如主持人兼演员柳岩，还有无论是五官还是身材都接近完美的迪丽热巴。

（3）H形身材

H形身材的最大特点是肩膀和臀部几乎在一条直线上。这种身材的人基本上都很瘦，腿很长，只是腰围并没有多细，比臀围略微小一点儿而已。我们的维密宝贝、模特刘雯就是偏H形的身材。这类身材在穿搭时，要注意突出胸部，尽量缩小腰部的曲线。

（4）Y形身材

Y形身材的最明显特征是，肩部为全身最宽的部位。通常肩围比臀围大2厘米以上。这种类型的人胯部通常较窄，腰也不会很细，所以给人比较壮实的感觉，有点类似健身运动员。草莓形的身材，就是Y形身材延伸出来的一种背部比较厚实的身材。

（5）O形身材

相信谁都不愿自己是O形的身材。因为这种身材就是水桶腰的别称。她们的肩围小于臀围，臀围又小于腰围，即整个人身上，最粗的地方就是腰部了。这对于爱美的女性来讲，简直就是致命的。不过O形身材的人也可以通过服装来遮盖缺点。

2. 其他身材类型

（1）长方形身材

长方形身材的特点是，没胸没屁股，肩宽胯大，也就是我们俗称的"大骨架"的人。有的人一听没胸没屁股，就觉得：这身材糟糕透了。其实长方形身材的人，在几种身材类型中，并非最差的，因为她们往往还有大高个子来撑场面。虽然身材是天生的，但我们也可以通过后天培养来得到微妙的改善。这种身材类型的女性，平时可以通过健身来丰满胸部和提臀。只要胸部和臀部丰满了，那你就进阶 X 形的完美身材了。这类女孩，最适合用能划分比例、收缩腰部线条的腰带来进行装饰。

（2）胖沙漏形身材

和沙漏形身材的区别是：虽然胖，但是有腰、有型。胖沙漏形身材的人，一般腰部和臀部的比例都比较不错，胸部也蛮大，即使胖胖的，也算凹凸有致的、比较匀称的胖了。比如演员巩俐，就是这种偏胖的沙漏形身材。

（3）五五分型身材

五五分型身材的特点是，腰部比较长、腿部比较短。这种类型的人要尽量避免穿长裤装，连衣裙、半身裙甚至短裤都会比穿长裤要好看，因为她们穿长裤实在是极不协调。现实中，这种类型的人很少见，如果你正是这样的身材也不必沮丧，因为总有服装可以改变你的身材比例。

（4）梨形身材

梨形身材的人，胸围不会太大，腰围也不会太细，而臀部又一定会偏大。上小下壮，基本就是梨形身材给别人的感觉。这种类型的人，在穿搭上要特别注意缩小肩部、胸部与臀部之间的差距。

（5）瘦小型身材

顾名思义，瘦小型身材的女性，都是又瘦又矮的。这种类型显得娇小可爱，有种需要被保护的感觉，在日本比较受欢迎。在穿搭上，要避免松松垮垮的衣服，短小、精悍、可爱并且浅颜色的服装，有扩张的视觉效果。

（6）I形身材

I形身材的特点就是"瘦成了一道闪电"。她们个头不会太矮，但是非常消瘦。窄肩或者小胯，会让她们看起来就像行走的电线杆一样。

其实世上哪有那么多的完美？在12种身材类型中，也只有X形一种是接近完美的，并且在其他很多种类型中，都有明星、名人为我们打样。所以，无论你是哪种身材类型，都要有信心，我们都可以在服装的海洋里找到自己的归属。

衣服和风度并不能造就一个人；但对一个已经造就的人，它们可以大大增进他的仪表。

——比彻《出自普利茅斯布道坛的箴言》

003　不同身材怎么穿

我们可以精致妆容、改造发型、选择服装，唯独体形，对于大多数人来说，似乎就是与生俱来的样子。即便可以使其发生更好的改变，也需要有坚韧的意志力和付出不懈的努力。

同一件衣服，我们可能会因为肤色的不同、体形的不同，而穿出千差万别的感觉。这个时候就不是会不会买衣服的问题了，而是你对自己有没有足够清醒的认识。我们不但要了解自己的肤色类型，了解自己更适合哪种风格的穿着，更应该了解自己属于什么样的身材类型，可以张扬的是身体的哪个地方，需要被遮盖的又是身体的哪个地方。如果对于这些你都有着清醒而理智的认识，那么你就离穿搭女王不远了。

1. A 形身材怎么穿?

A 形身材最突出、突兀的部位就是臀部了，所以在穿衣时，可以营造上身膨胀、下身收紧的效果。可以通过增加肩部的设计感、上装有膨胀的装饰品或有膨胀感的色彩来达到理想的效果，比如宽大的领子。除此以外，V领、圆领、斜领、高领等，A形身材的人都能毫无压力地运用。颜色上可以选择白色、浅色系。

2. Y形身材怎么穿？

如果你是Y形身材的女性，最好避免横条纹的衣服，因为横条纹只会让你显得更加上宽下窄。直筒裤之类的下装不如A字裙或花苞裙能拉宽下半身。

3. X形身材怎么穿？

X形身材的女性，仅从身材上就在向外散发着女人味。她们胸部丰满，腰部纤细，凹凸有致。中高等身高，基本可以驾驭所有的款式。服装的设计无须过于烦琐，越是简洁的款式，越能凸显身材曲线。但是这种好身材也不是定格不变的，需要平时多注意健康饮食和适当运动来保持。

4. H形身材怎么穿？

H形身材的优点是线条流畅、造型能力比较强，适合款型简洁、利落的服装。缺点是没有明显的腰线，缺乏女性曲线的美感。想突出女性特点的魅力，不妨给自己多增加些女性化的装饰，可以试试露肩装等能增加曲线美的装束。

5. O形身材怎么穿？

O形是一种问题型的身材。她们的身体明显偏胖，肩部圆润，腰、臀部厚重。可以通过增加直线来流畅身体线条，同时减少中间部位的造型。穿搭整体要简约、干净，尽量减少装饰品。一定要戴的话，可以选择在脖颈处戴一条项链来转移视线。O形身材可以参考Y形或H形的服装类型，因为这两种类型都主张剪裁上的利落感。

6. 长方形身材怎么穿？

想要让自身出现柔和的女性美，可以借助伞裙、提升腰线的上衣、稍微垫肩的衣服、七分袖的衣服等。能够凸显胸形与腰形的紧身针织背心，外搭一件稍微垫肩的外套，下配一条有裙摆的半身裙，就是十分不错的组合。配饰上，可以选择一条有收腰效果的腰带或用一条长丝巾绑在腰部做装饰，都会有加分的效果。颜色上，可以选择较为鲜明、色彩度较高的服装。

7. 消瘦的I形和瘦小型身材怎么穿？

不得不说，消瘦比圆胖更容易搭衣服。但是消瘦型的女性，要避免选择显得更瘦的竖条纹衣服，反之，横条纹更适合消瘦型的身材。颜色选择上，白色或者淡颜色的服装有扩张的作用。款式上，阔腿裤、休闲裤、男友风的衬衫等都是不错的选择。

8. 梨形身材怎么穿？

梨形身材朋友的最大困惑就是下身过大，如何遮掩臀部、大腿处的赘肉，是她们需要攻克的主要课题。收腰宽松类的上衣，能帮助协调身体比例。宽松的裤装或裙装比铅笔裤等紧身的下装更适合。配饰上，可以通过夸张的耳环、项链或披肩等来为上身增加面积，从而消除臀部的突兀感。

无论哪种身材类型，在服饰搭配上，我们都要注意"上浅下深""上深下浅""上花下素"的技巧。一般来说，上深下浅会给人端庄、大方的感觉；上浅下深则给人活泼、明快之感。当上衣有杂色时，下装最好选择纯色；反之，当下装是杂色的时候，上衣也要避开花色。当上衣为竖向的花纹时，下装就要避免出现横条纹或格纹，否则会显得凌乱、不和谐；同样的，当上衣出现横向的花纹时，下装要避免竖条纹或格纹。

好衣服能打开一切的门。

——富勒《至理名言》

004 怎么穿衣打扮才显白

虽然一度有过以黑为美的潮流，但是我们不得不承认，女性的貌美往往跟肤白有着重要的联系。如果一对双胞胎姐妹，五官相似，只是一个白、一个黑，你会觉得谁更美呢？想必大多数人会选择皮肤白的那个。拥有白皙的皮肤，无疑是天生的好命。可是幸运儿总是稀有物种，大多数人还需要靠后天的努力来提亮、增白肤色。关于如何饮食增白和敷面增白，我已经在前面讲过了。今天要讲的是如何用衣物和发型等来显白的方法。

1. 怎么穿才显白

想要显白，你必须先了解自己的肤色类型。我们已经在"寻找你的专属幸运色"一节中，学习了该如何测定自己肤色的冷暖。生活中，我们也可以通过血管的颜色偏向来大致确定自己的肤色冷暖类型。看看你手背等血管比较明显的地方，通常血管颜色偏向蓝色或紫色的为冷肤色；血管颜色偏向绿色的则是暖肤色；而介于两者之间的颜色，就是中性色调的肤色了。

如果你还是无法确认的话，可以再找一张纯白的纸，对着镜子，将白纸放到脸颊的边上，在白纸的映衬下，如果你的肤色偏向蓝色或者粉色，那么你就属于冷肤色；如果你的肤色偏向黄色或者橄榄绿色，那就属于暖肤色了。

（1）冷色调的皮肤

能让冷色调皮肤显白的颜色有浅粉色、蓝色、绿色等冷色调的颜色。这些颜色会让冷色调的肌肤看起来更加清爽而透亮。冷色调皮肤的人如果穿白色、蓝色、紫色等，会显得唇红齿白，有一种清新的美感。

橙色、红色、绿色、黄色等暖色调的颜色则是需要避开的，否则会衬得肌肤比较暗黄。

材质上，漆皮、丝绒、绸缎等带有光泽感的为好，因为这些堪称面料界的"水光肌"，能让你的肌肤更加水润、白皙。

（2）暖色调的皮肤

拥有暖色调皮肤的人，穿一些暖色调的时装会更加显白。比如红色、金色、墨绿色、驼色、橘红色等。这些颜色会跟肤色形成互补的感觉。

其实只要肤色足够白，无论是偏冷还是偏暖，对于服装颜色的选择性都比较广泛。但是最适合的颜色，往往能让我们的肌肤看起来更加白皙、清透。选择了最适合的颜色，就是迈出了穿衣搭配最成功的起始步，如果再搭配合适的妆容，挑战各种风格都没有压力。

（3）黄黑的皮肤

偏黄偏黑的皮肤，是亚洲人比较常见的。"一白遮百丑"的骄傲感，基本上跟她们就没什么关系。黄黑皮肤的人，要避开裸色、驼色、卡其色这些能和肌肤颜色混为一谈的颜色，否则会让整体缺乏对比感，让五官的轮廓更加模糊。

（4）偏黑的皮肤

皮肤偏黑的亚洲女性，要避免服装的颜色让自己显得更黑，所以过于鲜艳的颜色都不太适合她们。比如红色、紫色、橙色等，会让别人的视线都集中在她们的服装上。有人对我说，那黑人模特不是经常穿着大红色、亮紫色等颜色鲜艳的衣服，也没有太大的违和感啊？的确是这样，这是因为黑人的肤色是属于比较纯粹的黑，穿上鲜艳的或是有大面积亮色的衣服，就会显得很潮很酷。而我们亚洲人的黑几乎都是黑中带黄的，所以穿着同样的鲜亮，就会显得脏乱差。平时可以多关注如棕黄色、灰绿色、黑色等冷色调的颜色，能让黑皮肤的你看起来干净利索。

2. 怎么上妆才显白

再白净的姑娘，上妆的时候，也愿意多涂点儿粉底液。在追求美白的这条路上，似乎没有最白只有更白。对于美妆而言，女性朋友可以通过多涂几层粉底来达到增白的效果。虽然有像粉底液、散粉这些立竿见影的彩妆的助力，但真正能改善肤质、起到增白亮肤的美白乳、美白精华、美白面膜等也不能疏于使用，并且真正能使黑色素发生改变的内在调养也必不可少。因此维生素 C 片、富含维生素 C 的水果要吃起来。

对于黄皮肤的女性来说，口红的最佳效果，就是显白程度如何。如果入手的口红颜色没有选对，涂在嘴唇上后，首先整个人都别扭，更不要说显白了。一般来说，白皙的肌肤对口红的选择面更广阔。暖色调的皮肤，可以试试有粉嫩效果的水红色、有提亮感的珊瑚色、减龄的西柚色等；冷色调的皮肤，可以尝试一下温柔的豆沙色、气场全开的枫叶色等；暗黄的皮肤可以试试烂番茄色，要避免桃色系和带有荧光的口红。

除了妆容，大家也可以通过改变发色来显白。冷色调的皮肤，可以选择冷棕色、亚麻青色、雾霾蓝色来提升气质，衬托肤色；暖色调的皮肤，可以选择比较适合亚洲人的酒红色、更加贴合原发色的黑茶色、时下流行的蜂蜜色等来衬托出好气色。

人应当一切都美，外貌、衣裳、灵魂、思想。

——契诃夫

005 扬长避短穿衣法

穿衣不仅仅是为了美观，能够将服装风格搭配得自如，将扬长避短的方法运用得炉火纯青，才是懂得穿衣的高手。在斟酌这本书的时候我有了一种感受，觉得穿搭和写文字有着相类似的地方：看似都很容易，文字人人会写，衣服人人能穿。但是华采的文章需要雕章琢句、字斟句酌；正确的穿搭，则需要知己知彼，既要对自己的身高、肤色、发型、性格、耐受的颜色等有足够的认识，也要对服装的款式、材质、流行色、搭配法则等有充分的了解，同时还需要明白肤色和服装色彩之间的相得益彰。

其中，扬长避短的穿衣法则，很能帮助我们更好地展现个人魅力。比如，想要显得身材高挑，我们就要忌讳上下装五五分的穿着方法，可以用上下装3：7的比例来显高。

1. 颈部的补救方法

颈部过短，可以加长领口的深度，但是领子最好选择简单一点儿的，以防止胸平的厚重感；可以选择长款的耳饰，来拉长颈部的视觉线条；还可以通过剪短发来调整。颈部过长的话，可以选择一字领的衣服，最好选择衣服的装饰品在侧缝线上的，也可以增加一点儿能明显让身体有膨胀感的饰品。

2.胸部的补救方法

胸部丰满而挺拔，是女性身材美的一个重要特征。无论胸部位置偏下或偏上都是有碍观瞻的。对此，我们可以通过穿着上的一些小技巧来扬长避短。对于胸下位的胸形，要避免站立或躺卧时胸部松松垮垮的尴尬。我们首先要选择比较塑形的好内衣。最好是带软钢圈的、宽松点儿的内衣，使胸部挺立起来的同时又能避免两侧赘肉的溢出。胸部过大的下位，可以选择穿有抹胸设计的内衣。

胸上位的胸形，容易让女性显得壮实，需要选择自然款的内衣来模糊胸部的位置。

3.臀部的补救方法

臀部宽大的女性，要避免穿紧身的连衣裙、窄长的吊带裙等，这不是"后翘"的问题，而是不成比例的突兀感。半身裙是最佳遮掩的单品。那种可以修饰臀部曲线的鱼尾裙、A字裙，能够遮住丰满臀部的两层花苞裙，都是极为正确的选择。如果你不但臀部宽，个子还矮，不太适合穿上述的这几种裙子，那么一条造型简约、直筒的中短裙，能帮助你修饰臀部曲线的同时，还能拉长身体比例。

一侧有开叉设计的半身裙，无论是丝质的还是牛仔的，那种让腿部若隐若现的感觉，也能让你的双腿更显修长，从而和谐臀部、腿部的整体曲线。

如果非要穿裤子，低腰、稍微宽松的裤子是可以的。记住，是稍微宽松，而不是过于松垮的。建议尝试一下那种低腰并且裁剪从臀部开始向外延伸的 A 字形牛仔裤。

上衣的选择，不要过短也不必太长，能稍微遮盖住臀部的位置刚刚好。因为过长或过短都容易暴露臀部的缺点。

4. 腹部的补救方法

腹部大或有褶皱的女性，在选择上衣时，要避免短装和长度过臀部的，因为这两种长度都容易暴露腹部的缺点。盖过腰部就可以了。衣服的款式要简洁，尽量宽松，还需要避免烦琐的设计。腹部过大的话，就不要赶时髦地将衣服塞进裤腰里了，如果赘肉没有特别明显，可以将衣服的一角塞进裤腰里。这样可以起到修身的效果。有肚腩的女性，可以通过"内搭＋外套"的两件套穿法，让身体有空位感，从而显瘦。同样的，上身较胖的女性也可以这样穿搭来显瘦，也可以玩玩"下衣失踪"，通过加长上衣的长度，露出大腿以下的部位来平衡上下身的比例。

我们也可以通过内衣提高胸线的方法，来减弱腹部的突出感。

5. 腿部的补救方法

腿粗、腿短、腿不直……腿形不好看，实在是影响穿衣美的一大杀手。特别是到了夏天，露出的大长腿既性感又凉快。没关系，让时髦款式的直筒裙来帮助你提升时尚度。其实一条仙女风的网纱裙也同样适合在夏天走秀。咱走不了露大腿的性感路线，还不能走走干练风和仙女风了？

腿部占身体比例1/2以下的，就为腿短了。一般腿短的人都会伴随着腿粗，想要扬长避短，最佳的武器就是裙装了。不必收腰，比如那种宽松、直筒的小森风棉麻连衣裙就能很好地掩盖腿部比例。同时，高腰的下装，可以帮助拉长腿部的比例。尽可能地穿中高跟鞋，避免能减分的平底鞋。无论是上衣还是连衣裙，都要选择短款的。

X形或内八字的腿形，要避免紧身的裤子，能露出腿形的迷你裙之类的也要果断放弃。宽松的休闲裤、喇叭裤，可以帮助修饰腿形。秋冬时节，也可以通过长款风衣、大衣，来遮住腿形。

如果是小腿比较粗壮的话，要避免尖头的鞋子，并且鞋跟最好选择粗跟的，也可以通过短靴来遮挡小腿部位。

服装美应该是一种人化的美——适合外貌和身段的特点，掩饰或减轻生理上的缺陷，然而却突出了品质，令人赏心悦目，使人产生美好的联想。

——苏霍姆林斯基《爱情和人的道德进步》

第八章
穿搭博士——色彩搭配法

　　服装也有自己的审美联想，我们可以通过感知服装的色彩，联想到与之相关的事物。比如看到黄绿色，就容易联想到春天朝气、富有生命力的特性；看到火热的红色或高纯度的绿色，就能联想到夏季的阳光和森林；看到以黄色或暗色调为主的色彩，就会联想到秋天的落叶和萧条；看到白色、灰色、高明度的蓝色等，就会联想到冬天的寒冷与沉寂。这叫作色彩的季节感。

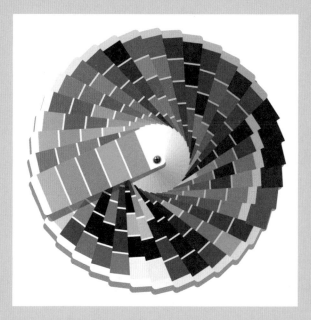

红色可以代表热情的声音，黄色可以代表快乐的声音，绿色可以代表悠闲的声音，蓝色可以代表悲伤的声音，这是色彩的音感。

　　未成熟的果实，多偏黄绿色，可以代表食物的酸味；香甜的水果往往是黄色、橙色、红色的，所以这些色彩可以用来代表甜味；咖啡、中药都是苦的，它们以黑色和褐灰色为主，所以这些色彩能够代表苦味；超级辣的辣椒，通常都是鲜艳的红色或绿色，所以这些色彩能代表辣味；鉴于食盐多数来自大海，所以蓝色往往能代表咸味。这是色彩的味觉感。

　　色彩精灵的灵气远不止这些，不同颜色的它们还可对应五行的属性，对应形状等。而这一章，我要重点讲讲色彩对于不同风格、不同场合的搭配方法。

001 青春活力的色彩搭配法

没有人会讨厌青春活力的感觉，或者说没有人有那种勇气去宣告自己跟青春有代沟的老气横秋。人类一切美好的期许与感受，似乎都发生在风华正茂的年龄。毕竟小一点儿的时候，我们不懂什么是展望未来，大一点儿的时候，我们更多的是对生活苦苦的挣扎。青春，让生命中的美好刚刚好。

青春可以是任何的色彩，这是它们的骄傲。青春是永远向阳的向日葵，所以它是黄色的；青春是一场场热血的拼搏，所以它是红色的；青春洋溢着初春般的清新，所以它是绿色的；青春荡漾着湖面上层层的涟漪，所以它是蓝色的；青春是非黑即白的彻底，所以它是黑白色的……而关于青春的动态，则是奔跑！

缺乏活力的青春，是缺了点儿色彩的失衡。我们不要在最美的年华，穿着老气或土气。不要在本该释放活力的年纪，选择并没有成熟的沉稳。所以，尽情用华彩的服装去散发青春的活力吧！

1. 穿出你的青春范儿

年轻就意味着有各种各样的可能。可以多去尝试不同的学习领域，因为失败了也不可怕，还有从头再来的资本。在穿衣搭配上，我建议年轻的你也多去尝试不同的风格和色彩。因为随着年龄和阅历的增长，人是会被各种模式和模板圈住的，我们可选择的范围会随着岁月的沉淀而越来越小。

然而多尝试，并不意味着可以乱穿衣，还是有些规则需要我们去遵守的。比如我们可以根据发量的多少来选择是穿深色还是浅色的衣服。一般头发较少的姑娘，需要穿浅色来协调；头发多的姑娘，穿深色会更漂亮些。

五官较为立体突出的姑娘，穿鲜艳的颜色会让五官更显精致。五官比较小的姑娘，需要穿浊色来过渡。另外，长相大气的女孩，可以用亮丽的色彩来凸显气质；长相为小家碧玉型的女孩，更适合小清新等较浅的颜色。

2. 青春活力的色彩

如果让你选择一个能代表青春的色彩，你首先想到的是什么颜色？在我脑海里浮现的是铺满白色卷纸的学习桌上，一盘切开的清甜的橙子。橙色也是太阳光色中的一种，代表了炙热的生命，给人活力四射的青春感。橙色的 T 恤搭配主色为白色的运动裤，再穿上一双有橙色元素的运动鞋，焕发着青春的光彩。

虽然蓝色的牛仔裤已经跨越了年龄的限制，但它依然是最具青春活力的下装。随着牛仔裤裤型的多样化，给了不同腿部线条的女孩以更多的选择。牛仔裤配卫衣，属于青春配青春的强强联手。至于卫衣的颜色，我们可以根据自己的肤色选择比较适合的。一般白色、黄色、不同饱和度的蓝色都可以跟蓝色的牛仔裤搭配出满分的减龄效果。

在这个张扬个性的社会，我不知道是不是每个女孩都有一颗粉红的少女心。但是粉红色的确需要具有少女感的人来驾驭，否则就会出现违和感。而能让粉红色尽情释放本真的服装，要属裙装了。

柠檬黄和牛油果绿，带着不怎么甜但是很清新的味道向年轻挥手。一件柠檬黄的毛衫塞进牛油果绿的短裙里，再踏一双露出脚踝的老爹鞋，也太让人垂涎欲滴了吧！

创新是一个进化的过程，也不必永远都是那么激进吧。

————马克·雅可布（马克·雅可布品牌创始人）

002 性感华丽的色彩搭配法

这是一个秘密：不是我们不喜欢性感，而是缺乏性感的资本或勇气。如果你足够女人，那你一定希望用最华丽的服装，展现最性感的姿态。

性感虽然很容易跟暴露、勾引等联想到一块，但是性感美不是罪恶，而是一种连女性都会折服的魅力。内向的女孩看到性感的美女，也会忍不住多看一眼，内心充盈着对能散发出这种魅力的无比羡慕。对性感需要资本更需要勇气。如果你已经具有了展现性感的勇气，那我就将穿搭上的方法告诉你。

1. 性感华丽的颜色搭配

华丽的金色自带一种耀眼的光芒，而性感就是需要如此的张扬、如此的炫目。金色的连衣裙过于华丽和隆重，比较适合隆重的晚宴，并且是晚宴的女主人最适合的颜色。日常生活中，金色不要大面积地渲染在服装上。它可以作为性感的内搭、腰带而出现。那种若隐若现的性感，更加能吸引人。

多情的粉色透露着诱惑和欲望，是很能激发保护欲的一种颜色。一款粉色的抹胸连衣裙，既有微微暴露的性感，又有欲说还休的温柔。

高贵的紫色，则让性感多了些许冷艳的味道。对于很多男性来说，高冷也是一种性感。

冷酷的黑色，让性感走向了不归路。无论是隐隐透露出的黑色内衣，还是一条黑色的丝袜，都将成倍地释放女性的魅惑。

2.性感华丽感的单品搭配

男友风的服装。美国人做过一次有趣的问卷调查：能让男性动心的女性服装是哪种？没想到大多数男性的回答不是华丽的礼服，而是日常的穿搭。在一些欧美影视剧中，女孩顺手穿上男友的大 T 恤或大衬衫，不但没有违和感，反而增加了性感的魅惑力。所以姑娘们平时可以穿穿男友风的衣服，买几件男友风的衬衫、T 恤也会很漂亮。

露肩装在时尚的洪流中起起伏伏。但又因为它们所能带来的独特的性感，而历久不衰。在夏季，一件露肩装的上衣，就是在向人们宣布：我，敢于展示自己的身材！对自己肩部曲线有信心的女性，不妨也试试露肩装的神奇吧。

穿上吊带衫的女人看上去更性感。吊带衫可用四季，特别是那种 V 领的小吊带，冬季可以作为性感的内搭，外搭一件小开衫，就已经很美了；到了可以直接穿吊带出门的夏季，针织的吊带衫配一条现在流行的西装短裤，既清爽又不失性感。

无论如何，你也想不到高领毛衣跟性感会有关系吧？这样说吧，韩剧里穿高领毛衣的女主，基本都会给人需要被拥抱、被呵护的感觉。其实高领毛衣，特别是白色、米色、驼色的，是很有女人味的款式。

衣裳常常显示人品。

——莎士比亚

003　知性优雅的色彩搭配法

人们常常将知性与优雅相提并论。优雅是一种由内而外散发出来的姿态，而知性更多的是一种内在的品性，是一种品位。

对于优雅，有很多种解读，并非大多数人脑海中坐在高雅的环境中，一身精致打扮的女人，手捧一杯咖啡的固态样子。优雅可以是苦难的结果，在逆境中能够坚守自己的初心和底线，固守一份坚而不厉的品性，就是一种优雅。知世故而不世故，不媚俗、不低俗的柔而不娇，也是一种优雅。只要能兼修好自己的内在与外在，每个姑娘的气质里都可以拥有"优雅"的鼎力赞助。

知性中包含理性的成分，但它绝不仅仅就是理性。知性美更是难以定义的概念，因为所涵盖的内容太广泛了，是一种对于成熟、理智、包容、格局、智慧等笼统的感觉。

对于女性来说，知性优雅无疑是非常高的评价了，想要将这些优秀的内在更好地呈现，得体的穿衣搭配和服装色彩搭配少不了。

1. 基础款和基础色是知性优雅的完美组合

想要穿出知性、优雅感，色彩上会要求比较低的饱和度。比如黑色、白色、驼色、褐色、蓝色等。这些基础色会帮助我们呈现出简约又不失精致、时尚又不失品位的感觉。

浅驼色系，是知性女子的最爱。那种简约的奢华感，像茶一般淡而有味。浅驼色条纹的棉质上衣，搭配一条高腰的驼色 A 字布裙，再挎一个米白色的帆布大包包，日系的优雅风格就完成了。上面一件褐色、白色条纹的 T 恤，下面一条米白色的休闲裤，外搭一件驼色的休闲西服，如此的知性，简单又耐看。

宝石蓝、雾霾蓝等蓝色系的颜色，可以出现在上衣或下装与黑色、白色等基础色相搭配。

饱和度不同的蓝色衬衫和蓝色外套，搭一条白色的半身裙，款式上知性、大方，颜色上既干净又十分吸睛。白色宽松的毛衣，搭配一条蓝色的时装裤，也会带来一股夹着小清新的知性。

菱形图案往往是理智的代表。一件蓝白相间的菱形图案连衣裙，外搭一件米白色的风衣，简直太完美！

想要给沉稳的知性加点儿温柔的优雅，可以选择毛茸茸的针织上衣，搭配白色的裤子即可。搭配黑色的裤子也很经典。上蓝下黑本身就是不败的经典，很有成熟的优雅范儿。如果你的衣橱中有不知该如何搭配的蓝色针织衫或外套的话，黑色的下装，绝对是不会出错的色彩搭配。

2. 四季如何穿出知性优雅

大衣和风衣，是在春秋季节很能体现知性优雅感的单品。事实上，建议 25 岁以上的女性一定要在衣橱中备上一件大衣或风衣。30 岁以下，可以选择轻熟风的大衣；30 岁以上可以选择更具高级感、更有品质的大衣。一方面大衣和风衣的常规款型，会有十足的稳重感；另一方面大衣下面的内搭可以有无数种可能。你可以内搭一件连衣裙，也可以内搭毛衣和短皮裙，或 T 恤跟牛仔裤。总之，风衣和大衣应该因为"百搭单品"的属性而被重视起来。

虽然阔腿裤的热度已经有所下降，但是那种走起路来如行云流水般的气场，将使它持续占有市场。一条休闲的阔腿裤搭配一件将衣角塞到裤腰里的衬衫或 T 恤，既能很好地修饰身材，又很有优雅的休闲感，比较适合热起来的春季和初夏季节。

小西装本身就是知性的代名词。冬季可以叠穿在呢大衣或羽绒大衣的里面，最好将大衣敞怀，露出里面的西装，能给人一种内里干练的成熟感。

夏季是我们穿衣服最简单也是最容易搭配的季节。一条修身的蓝色牛仔裤，一件白色的短衬衫，一定要将衬衫下摆或下摆的一角塞进裤子里，知性而优雅的感觉就有了。如果是遮住臀长度的白衬衫，可以搭配一条牛仔短裤或直接穿一条防走光的打底裤就好。

时髦起源于创造服装行业。

——《社会心理学》

004 逛街、旅行的色彩搭配法

逛街和旅行，都是女性喜欢做的事情。如果你感觉疲倦，就在商场的琳琅满目中去感受物质所带来的乐趣，或是在旅途的美景中放空自己。如果你需要吸纳新知，可以在旅行中增长见识，沉淀自己；也可以约上三两个好友一起逛街，聊聊彼此的近况，增进友情，顺便还能接收到当下流行的元素，收获能帮助你改善外形的单品。

无论是旅行还是逛街，都能让我们放松身心，都是增加心情指数的催化剂。那么在着装上，需要怎么穿才符合这种愉悦而放松的心情呢？下面就来详细讲讲。

1.逛街穿搭的色彩搭配技巧

第一，分配好主色、辅助色和点缀色的比例。通常，主色需要占据全身色彩的 60% 以上，如大衣、风衣、套装、裙子等。作为与主色搭配的辅助色，通常占全身色彩的 40% 左右，如毛衫、衬衫、短外套、背心等。点缀色能起到画龙点睛的作用，通常占全身色彩的 5%~15%，如鞋子、包包、丝巾等。

第二，自然色系搭配法。在色彩的搭配上，要注意"暖色＋暖色""冷色＋冷色"的搭配原则。橙色、红色、橘红色、黄色以及所有以黄色为底色的都为暖色系。以蓝色为底色的颜色都属于冷色系。像黑、白、灰、驼色、棕色、咖啡色这些百搭的基础色，既可以跟暖色系相搭又可以和冷色系相搭。

第三，叠穿的服装，颜色上最好要有层次的渐变感。可以利用同一种颜色的不同明暗度来达到有层次的韵律感。不同的颜色也可以通过相同色调的搭配，来达到和谐的视觉感。

第四，对于不好搭配的花色衣服，我们只要能找出重点的搭配色即可。比如一件彩色的衣服，可以从它的几种色彩中，找出一种来搭配下装，就会给人整体和谐的印象。另外，黑、白、灰这些搭配色，可以融入任何复杂的色彩组合中，并且有了它们的加入，会打破色彩的复杂结构，轻松化解花色衣服在搭配上的困扰。

第五，上呼下应搭配法。全身的颜色越少，越能凸显干净、利落的气质。所以通常设计师会建议大家全身的色彩要以不超过三种为宜。这是比较安全，不会让穿搭出位的一个法则。此外，全身服装的色彩搭配要避免1∶1的情况出现，尤其是对比色，会将你分割成可笑的两大板块。正确的色彩比例为3∶5或5∶3。

2. 旅行服饰的准备公式

出门旅行前，面对一大衣橱服装，不知道究竟该将哪几件装入行李箱中该怎么办？别急，如果按照下面这个公式进行筛选的话，你就会有大致的选择目标了：

基本款+交叉搭配+目的地风格=旅行穿搭

其实旅行多数是一件长途跋涉的辛苦事，想带的东西多，能带的东西少，基本就是一个行李箱加一个旅行袋的最大容量。很多人连行李箱都不愿意拖走，于是简装、轻便出行成为他们的选择。问题是，该如何装最少的衣服，来搭出最多的可能？这个时候，百搭的基本款就更能显出它们的神通了，只要变换个性款，就足够转换风格了。

根据即将要去的景点来选择穿搭，也非常有必要。比如去海边玩耍的话，适合拍照的沙滩裙、能下水的泳装以及防晒服都是既不占空间又适用的单品。颜色上，可以选择鲜艳又不十分抢眼的。如果去像大草原那样的自然景区，有大面积的绿色风景的话，可以选择简洁的亮色，或者有跳跃性的颜色，比如白底黑点的裙子、有小碎花的田园风裙子等。

时髦永远是一个任性的孩子。

——威·梅森《英国花园》

005　职场、宴会的色彩搭配法

职场穿搭，是大多数都市女性每个工作日都需要考量的事情。穿对衣服，不但能传达自己的工作态度，也是对合作伙伴、对客户等的尊重。如果你没有穿着家居服而通过面试的机缘，就不要在正式入职后想着穿着随意一点儿多好。如果你穿着随意而邋遢的衣服去见客户，相信十有八九单子是签不成的。因为客户首先感受到的就是你的不严肃和不严谨，他又怎么敢把资金交到你手中呢？所以穿着的得体，对于职场女性尤为重要。

虽然宴会不是每天都会接触的场合，但是却非常重要。你在宴会期间的表现，很有可能为你赢得一次新的合作机会，或是一次心跳的邂逅。所以选择对的宴会装和正确的服装颜色，能让你的表现更加出彩。

1.职场穿搭技巧

职场是一个拼能力的地方。干练、利落的穿搭和造型，就是在宣告"我可以""我能胜任"的自信。所以职场穿搭拒绝拖沓和邋遢，奉行严肃、严谨的风格。而最被严肃职场接受的颜色，莫过于黑、白、灰色了，其次浅蓝色、米白色、咖啡色等也可以加以运用。白衬衫、黑色制服的典型，就无须我赘述了。我想说的是，如果只是在办公室里面对电脑或没有那么严肃的着装要求的话，完全可以将白衬衫换成白色有字母或卡通图案的T恤，会非常减龄；将白衬衫换成丝质的米白色V领衬衫，会更显高档。

相对于严肃的职场，普通职场对于着装的要求就没有非黑即白那么死板了，普通的正装就可以。现在很多女性的休闲西装款式很时髦，比如一度因韩剧《太阳的后裔》而流行起来的淡蓝色宽松小西服。将袖子挽成八分袖，刚刚遮住臀部的衣摆长度，再露出一截白色的牛仔短裤，荧幕上的经典瞬间，我们在职场中也可以拥有。

2. 职场穿搭禁忌

（1）忌过分时髦。无论你有多潮流的穿搭想法，一旦进入职场就要有所收敛。这不是束缚的问题，而是对企业、对同人、对客户的尊重。除非你是在时尚界的工作岗位，需要每天打扮得很时髦，否则就最好将那些时髦的服装留在周末、假期去展示。

（2）忌过分暴露。不懂得分场合着装的人，也难以懂得礼仪分寸，这样的人会招致什么样的眼光，大家可以去遐想。办公室就是以工作为主的地方，你穿了一条适合海边的沙滩裙，相信这一天会收到很多"要去度假啊？"的询问。尴尬的只能是你！过分暴露，也会影响别人对工作的专注度，大家都去看你了，那老板肯定不乐意啊！

（3）忌过分随意。无论你的工作能力有多强，无论你有多不爱穿职业装，那些给人随意感的衣服就是不能穿到办公室去。比如家居服、运动服。首先，老板就觉得你不是来上班的，至少在态度上没有重视上班这件事。其次，过分随意也会传达出一种工作散漫的态度，相信大家都不会喜欢这样的合作伙伴。

3. 宴会穿搭技巧

晚宴中女性的穿搭，早已成为一大看点。面对百花争艳的场景，如何穿搭才能脱颖而出呢？这就需要我们做做功课了。

重点就是服装颜色的选择。因为女性的宴会服通常是裙装，这个时候，谁的裙装颜色最出彩，谁就赢得目光。想要打造优雅的纯洁风，你懂得的，非白色莫属。白色的连衣裙上可以有 5%~15% 的点缀色，以粉色为点缀色，就多了些许温柔风；以黑色为点缀色，则多了点儿知性美；以驼色为点缀色，便有了几分简洁的优雅感。想要营造性感，黑色、紫色都是不错的选择，是既显妩媚又显高贵的颜色。想要减龄可爱，萌萌的粉色裙装、活跃的橘黄色裙装、嫩绿的裙装或套装都会很可爱。想要体现女性的优雅美，可以选择裸色的、米白色的、宝石蓝色的裙装。

晚宴裙的款式特别需要讲究。比如同为纯色的面料，有露肩和收腰剪裁的就要比普通的款式更为耀眼。斜纹条纹大于 45° 的，会更加显高、显瘦。斜纹条纹小于 45° 的则容易显矮、显胖。

每个女人都有属于自己的一种红色。

——奥黛丽·赫本

第九章
锐变女王——玩转场合秀

诚然，每个人都可以有自己的穿衣风格。有的人走甜美路线，有的人偏向轻熟的风格，有的人喜欢帅气之美……可是个性这种东西，在有些场合需要收敛。如果你不喜欢穿搭上被束缚的感觉，那么我要告诉你，也许在这些场合中，很多人为了你的感受也在收敛着自己的穿搭个性呢！

人是群居的，不可能所有人都能完全感受到你内心的真实想法。所以在社交场合，我们一定要注意自己的言谈举止。不要有什么就说什么，当别人

误解你的时候还委屈巴巴地说："为什么要把我想得那样坏？"当人与人之间还没有熟悉到可以有什么就说什么的时候，比如在有很多陌生人的社交场合，我们不但要话出口前先想想，也要耐心准备好能传递你衣品和表达重视对方的服装。

当你读到这里的时候，相信已经掌握了穿搭的基本规则和方法，并且对穿衣搭配有了自己的想法。在接下来的日子里，就需要你不断地尝试自己适合的颜色和穿搭风格。能将不同场合的出彩穿搭玩弄于股掌之中，才是我们最终的目的，也是一个穿搭女王需要具备的素质和修养。

001　穿对比穿美更重要

　　有一种对女性成功的定义：穿对衣服爱对人。不得不说这样的姑娘的确很优秀，很精明。在中国，很多女性并不重视自己的穿着，特别是结了婚有孩子的人，她们觉得生活的一地鸡毛已经足够让自己心烦了，哪有时间去讲究穿衣打扮？我觉得这是一种循环，越是这样想的人，生活越缺乏激情和美好。一旦你能有一个好的穿衣观，有一个正确的开始，你会发现穿衣并不仅仅是裹体这么无趣，它会带给你自信、快乐，能激发你的艺术和审美，同时也能让你的生活收获更多乐趣与正能量。

　　为什么说没有丑女人只有懒女人？因为变美本身就是一件麻烦事。就像穿衣搭配吧，你无法大刀阔斧地进行改革，也无法在短短的几天时间里就变为穿搭达人。所有的收获和成功都需要付出代价。肌肤养护的代价是需要你付出时间和金钱，婚姻美满的代价是需要你保持最好的状态和懂得经营。穿衣搭配也一样，需要你付出大量的时间和精力，不断总结穿搭心得，最终形成自己的风格，并能驾驭不同的场合。所以我想告诉女性朋友们，居家要有居家的美感，即便你是单身，那种骨子里的涵养也会透露在你的气质里；出门要有出门的精致，千万不要害怕麻烦，感觉麻烦是因为不熟练，等你对你的衣橱能熟练掌控的时候，一切就变得简单而得心应手了。

在探讨情人节、"5·20"、七夕节时，男士应不应该送礼物给老婆的话题时，大部分持赞同意见者的观念就是：生活要有仪式感。生活当然要有仪式感，丈夫送妻子鲜花、礼物，那妻子回馈给丈夫的又能是什么呢？除了礼物，你美好的形象、精致的装扮就是给婚姻生活的一种仪式感。

不是所有的衣服都能穿出美感，不是所有的服装都适合你。如果不适合，再美的服装，也衬托不出你的美，没听说哪种有违和感的穿衣效果是受到欢迎的。衣服千千万，穿不好很容易变得土里土气，穿得好，就能展现你最美的状态。别的不说，首先你自己从内心里就会感觉"今天的衣服真棒！"你就会是喜悦而自信的。

那么如何才能穿对衣服呢？如果你是从本书的第一章第一节开始认真地读下来的，那么相信此刻你的心里已经有了答案：定位自己的肤色、身材类型和风格，寻找适合自己的颜色，然后扬长避短地进行穿衣搭配。如果你的个性让你有意或无意地不遵守穿搭规则，那么就要问问自己这样做"我得到了什么？"在我接触的人当中，特别是00后的年轻人，他们很不愿意让别人的目光影响自己的穿着，觉得穿衣服就是自个儿的事，怎么开心怎么穿，跟别人没有关系。他们中很多人的穿衣打扮都在告诉别人"别烦我，请离我远一点儿"，当然，服饰有这样的本领，可以有效地疏远别人。问题是，我们注意自己的形象，真的如此可怕吗？我不认为注意自己的形象就是在意别人的眼光，我们可以穿得另类而个性，但是也一定是合体的、美观的。

同一件衣服，有的人穿就很漂亮，有的人穿就显土气。所以选衣服一定要选择适合自己的，因为穿美丽的衣服未必能给你的形象加分，而穿对了衣服一定是美的。

讲究的女子，虽然也可以在化妆中寻找感官和美的满足，但她打扮得适合自己的外貌，衣服的颜色衬托出她的肤色美，款式能显耀出或修正她的身段。她所珍惜的是被装饰的自己，而不是装饰她的物质。

——波娃《第二性——女人》

002　贫富都爱的休闲装

　　休闲装是最能缩短贫富差距的服饰。有钱人厌倦了五光十色的华丽感，更喜欢体验舒适、方便的休闲装，所以穿腻了戏服、晚礼服的明星们，更喜欢在私下里穿一身休闲又时尚的服装。而没钱的人也可以通过一身百十元的休闲装来提高档次，彰显品位。

　　无论你衣橱中的休闲装是昂贵还是廉价，都要问问自己："我是否能自信地穿出它们？"再问问自己："它们是否舒适跟合体，是否跟我的脾性搭调，不同的它们到底能带给我什么样的变化？"我记得在一本由一位美女演员写的美容书中有这样一段话："不管是淘宝的 T 恤还是昂贵的名牌，目光的焦点都是我——我自信！"自信是非常重要的衣品，拱肩缩背再低着头，再漂亮有气质的衣服，也只是衣服而已，无法融入你的个性和你的风格里，因为你的不自信早已赶跑了你的个性和风格。

1. 休闲场合不庄严

　　在非工作场合，如果是去参加一些比较放松的娱乐活动，无论场所是高级还是普通，都切忌穿套装、职业装或礼服，而是要穿休闲装。尽管休闲装有很多类别，但是强调舒适、个性、无造型的共性，使它们不会像套装和职业装那样有很强的约束感和造型感，也不会像晚装、礼服那样，高于生活却以牺牲舒适和释放个性为代价。

2. 休闲装的穿搭技巧

穿休闲装容易犯的错误是，一不小心就穿成了随便。所以关于休闲装的一些穿搭小技巧，很有必要掌握起来。

（1）休闲装要保持风格的协调一致。上身运动装、下身搭睡裤，无论怎样时髦的人都理解不了这样的随意。无论是舒适的、奔放的，还是洒脱的、有个性的，休闲装都要在整体上保持风格的一致。

（2）休闲装是最不用考虑面料的一类服装，可供选择的范围比较大。但如果是一些特殊或高档的休闲场所，就一定要考虑面料了，比如参加公司团建活动的时候，最好选择吸汗又透气的休闲装；参加高尔夫运动的时候，就要选择比较高档面料的专业服装了。

（3）关于休闲装的搭配惯例不要轻易打破。时尚瞬息万变，让很多追赶时髦的人出现乱穿衣、乱搭配的现象。但是有一些雷区是一定要避免踩的，比如牛仔长裤最好不要搭凉鞋；穿凉鞋的时候最好不要穿袜子；穿短裤配凉鞋时，切忌穿连裤袜或长筒袜；长袖衬衫外搭短袖衬衫，是让人无法理解的所谓叠穿。

无论如何，一个人应永远保持有礼和穿着整齐。

——海登斯坦

003 不同职场的穿搭"潜规则"

通常，职场的穿搭可以分为时尚职场、一般职场和严肃职场三种。时尚职场为那些摄影艺术工作室、服装设计公司、时尚杂志社等时尚领域，这些时尚领域通常会要求工作人员要穿得尽可能时髦一些，若需要面见客户，她们自身的时尚感就是一种企业宣传。一般职场多为私营企业，通常也不会对员工有服装上的严格要求，员工基本上是端坐在电脑前一整天，希望穿在身上的服装能够休闲而舒适。严肃职场，一般是指金融、法律、咨询等行业。对服装的约束就比较条条框框了，需要在穿着上严谨、正统、保守而专业。严肃职场甚至会因为你今天没有穿正装而扣除奖金。

1. 职场穿搭"潜规则"

（1）*严肃场合不随便*

不仅仅是严肃的职场，在参加一些重要的会议或谈判等比较严肃的商务活动时，也需要穿比较正式的职业装。从专业人士的角度来看，着装的主要目的就是帮助我们扮演好人生中的各种角色，特别是表达我们对自己职业和工作的恭敬感与荣誉感。越是成功的人士，对其服饰中的成功因素，如面料、质量、装饰的精致程度等要求越高，如此才能符合自己的角色。无视这些规律，结果无非就是在表达你的不专业和玩世不恭的处世态度。

（2）严肃职场的穿着要体现严谨和专业

合身的职业套装或裙装，是严肃职场所认可的服装款式。一般裙子的长度要在膝盖处为宜，或膝盖以下 5 厘米。质地以精致、挺括为佳。套装的上、下身要同色、同材质。颜色上多以黑色、灰色、深蓝色或褐色为主。这么严肃的职场着装要求，当然不能在服装上出现图案或花色了。另外，鞋子也是正统职业装中重要的一部分，以 7 厘米以下中低跟的浅口皮鞋为宜。

（3）适合一般职场的休闲套装

一般职场的穿搭特征是：理性而不乏亲和，温柔而不乏知性。可以选择休闲一点儿的套装，也可以将正统的职业套装拆开与其他休闲装相搭配。

（4）时尚职场装，年轻而富于变化

时髦、年轻、有想法、灵活多变，是时尚职场的穿搭特征。款式上，我们可以选择加入有设计感的服装或有时尚图案的服装。服装质地可以多样化，色彩以中高纯度为宜。

2. 几种不同风格的职场穿搭类型

（1）不规则的黑色西装：适合一般职场或严肃职场

黑色是职场中不可或缺的服装颜色，有着强大的稳重感和严谨感。想要打破沉闷，我们可以从细节入手。比如现在介绍的这款多层不规则翻领的黑色西装，两侧的衣扣处呈不规则的垂坠状，让中规中矩的西装有了飘逸的流线感，同时还能营造三层的效果，既显瘦又不失时尚感。内搭白色的打底衫＋粉红色的半身裙，显得职业干练又散发着女性的魅惑。

（2）纯色无扣的休闲西装：适合一般职场或时尚职场

纯色的西装搭配基础色的内搭，会给人较为轻松的感觉，能为烦琐的工作提供一些减压感。H形的纯白色西装，属于万能的搭配单品，并且这种版型很能显高、显瘦。

（3）加入亮色调的搭配：适合一般职场或时尚职场

如果最近感觉比较焦虑和疲乏，那么可以通过为服装加点儿亮色来治愈。比如脱去黑色的直筒裤，换上新买的黄色阔腿裤，搭配一件黑色的打底衫，休闲中又没有完全切掉职业的正式感。这样的小转换，很能缓解工作中的压力，舒缓紧张的情绪。

（4）牛仔裤＋白衬衫：适合时尚职场

白衬衫和西裤的搭配，属于职场通勤装中的经典。如果想要穿出休闲又散发活力的感觉，可以将西裤换成蓝色的牛仔裤。V领设计的白衬衫，会让职场女性看上去更加优雅知性。

还有什么比穿戴得规规矩矩更让人厌烦呢？

——山本耀司

178

004　不同社交场合穿搭套路深

人的一生当中，都不可避免地要参加一些社交活动。否则，你就是孤岛中孤苦无依的人。无论你喜不喜欢，社会交往都太重要了。你和好朋友的相识需要社会交往；你创业的资源需要从社会交往中获得；你和男朋友的约会，也属于社会交往。

在不同社交场合中，既要穿出自己的风格又要穿得应景，实在不是一件容易事。想回避掉这些麻烦也很简单，随便穿就行了。问题是，你能否依然用无所谓的心态去接受社交中的无果呢？

有的女性朋友说，随着年龄的增长，越来越多的社会交往让自己变得越来越成熟，而如何穿衣搭配，见证了自己内心的成长。我觉得这话非常有道理，翻翻你过往的照片，每个人在穿衣打扮上都有或多或少的改善。因为我们的审美、心态、心智都在趋于成熟，更懂得自己适合的和想要的到底是什么。

1. 当自己的设计师

我们普通人没有明星那般幸运，有专属的服装设计师和化妆师来打造形象。那又何妨？这更促使我们积极进取地学习关于穿搭和装扮的知识内容。首先你要有一个理念，就是："在那种场合，我想要给别人什么印象？"面对可能出现的不同场景，你要在心里多问问自己，并置身事外地设想一下，如果那样出现会给别人什么样的感觉？然后做自己的设计师，寻找符合的两三套服装，并开始对着穿衣镜试穿。

2. 浅谈不同场景的搭配技巧

（1）聚会

一群有男有女的好友聚会，我最担心的是那种大大咧咧的女孩，总觉得都是朋友，穿什么都无所谓。殊不知这样的聚会经常会半路加入几个别人认识而你不熟悉的人。其实无论是闺密的男朋友，还是那几个陌生人，他们都喜欢对女孩子评头论足。即便当面不会说，心里也会默默给你打分。如果你也有男朋友一同参加，那就更要注重穿搭了，毕竟你的那些女朋友也在你男朋友的审视和比较下呢，实在是不能放松啊！在这种场合下，建议女孩子尽量穿裙子，飘逸一点儿的更好，保持散发女人味儿。首先穿裙子的你会比不穿裙子的女生赢在起跑线上。不必担心季节问题，有了打底裤的给力，裙子已经是四季都没有违和感的单品了。

（2）约会

一般来讲，能称得上约会的场合，都是比较私人和私密性的。比如和好闺密的约会，和男朋友的约会，甚至是和相亲对象的约会。

如果闺密真的靠谱的话，你原则上是可以随意穿搭的。但是不排除那些十分关心你穿衣饮食的闺密，会对你今天约会的装扮提出建设性的意见，为了让她散发点儿赞美的"醋味儿"，咱们也可以用漂亮合体的衣服，换一个好心情嘛！见闺密的穿搭，得体、有活力就好，毕竟能散发正能量的好朋友是最受欢迎的。

和男朋友的约会，就要穿得尽可能女人味儿一点儿了。露肩装、露脐装等性感的装扮，是可以有的。因为你要在众多路人中成为他眼里的唯一。如果是相亲初次见面的话，还是尽量避免暴露的服装。虽然男士都爱看，但是他们对自己未来的女朋友或老婆可就不这么开放了。稳重、大方、不失女人味儿的衣服是最好的选择。

（3）工作洽谈

和客户或合作伙伴见面，穿衣需要正式而整洁。女性要通过服装和妆容使自己尽量显得成熟、专业。无论你在私下里是多么的小鸟依人或散漫，都要在这种场合提起精神，因为这个时候你代表的往往就是整个公司的形象。正式的职业装是不会出问题的选择，如果对方将你约到了咖啡厅、酒吧等比较休闲的场合，你也可以将职业装换成休闲的套装。

真正美丽的人是不多施脂粉，不乱穿衣服。

——老舍

005　让衣服在户外吸氧

　　世界那么大，相信每个人都有一颗走出去到处看看的心。厌倦了都市的喧嚣，厌烦了每天对着电脑的疲乏，不如脱下职业装，和一行李箱的休闲装一起出发，到优美的地方呼吸清新的空气吧。

　　如果有户外的登山、徒步、骑行等活动，专业的户外冲锋衣、登山鞋、骑行服等就可以。但是对于大多数女性来说，她们更喜欢到风景优美的地方做简单的郊游。这种情况下，舒适、实用、时髦而上镜的服装才应景。毕竟女人旅行的一大收获就是拍照呀！

1.草原穿搭推荐

　　广阔的大草原，那里是心灵飞驰的地方。天气暖和的话，一条法式泡泡袖的连衣裙就能拍出野性的气质。宽松的袖子设计，会让肩部看起来宽大，在提升气场的同时又遮肉、显脸小。民族风的长裙，会让你多几分原住民感，配合性感的红色口红和妆容，仿若走失的草原公主。

2.古镇穿搭推荐

古镇的沧桑和平静气息，需要我们准备一些暖色调或有特色的服饰。比如有现代设计感的旗袍、汉服、各种纱裙。化好妆容、盘好发型，在古镇中慢慢踱步，相信很快就能找到归属感，也很容易找到适合你拍照的位置哦。

去有少数民族的古镇，完全可以穿一套有民族风的套装，比如苗族、白族、傣族的服饰都很有特色也非常有女性的古典美。相信有如此变装经验的旅行是快乐和充满回忆的。

3.都市穿搭推荐

有些现代化城市很吸引游客。比如中国的上海、浪漫的法国巴黎、购物天堂中国的香港等。在现代化城市旅游，要轻装上阵，穿得舒适而休闲即可。夏天 T 恤配短裤，简直不要太清爽。白色镂空的一字领上衣，搭配一条水磨感的浅蓝色牛仔裤，会让你旅行的心情也如蓝天白云般明朗。纯色的 T 恤，搭一条有文艺气息的格纹直筒裙，挎一个草编的包包，十足的青春少女范儿。一定要穿一双走路舒服的休闲鞋或运动鞋，会为你的旅行减少很多疲劳感。

4.海边穿搭推荐

因为诗人海子的一句"面朝大海，春暖花开"，让无数人对大海心生向往。有名的海边景区，也成了历久不衰的旅游热地。想到大海，我们自然能联想到阳光、沙滩、贝壳和飘逸的沙滩裙。一阵阵海风吹来，吹起飘逸的裙摆，露出修长的双腿，微微抬起下巴望着落日的方向，这画面简直太唯美。如果你也有一颗到海边浪一浪的少女心，沙滩裙一定别忘记备

183

起来。

仿鱼鳞的小吊带短裙，会让你变身为海边的一条美人鱼，靓丽又独特。吊带的性感内衣，外搭一件轻薄的蕾丝防晒服，不系扣，显现身材的同时又非常时尚哦。

5. 打造高级感的户外穿搭推荐

我不是教你要像妈妈辈那样，戴着丝巾在风中摇摆，但是一条给力的丝巾，很能提升你在照片中的颜值。旅途中会有温差较大的情况，觉得比较冷的时候，可以用丝巾在脖颈处绕两圈来为怕寒的颈部保暖，重要的是佩戴丝巾还显知性、文艺的气质。

帽子不但能防晒，还能跟服装一起搭配出或田园或浪漫的情调。在一些自然景区中，一顶米白色的小草帽，清凉又应景。

戴着墨镜照相的女性，几乎各个都好看。那种又柔又酷的神秘感，让人总忍不住想要窥探一下墨镜后面的真实容颜。墨镜的遮阳功能就不用我多说了，准备出发的你，还不赶紧备起来。

张爱玲说："没有一个女子，是因为她的灵魂美丽而被爱的。"不管我们对这句话有着怎样的质疑或无奈，都要相信，变美是一件能改变心情和运气的事，是一件不需要百转千回，就能成就自我的美丽任务！

哪怕是对衣着最为敏感的妇女，也不会说她不用戴在头上对着镜子试一试，就能预言一顶帽子对她合适不合适。因为任何线条、任何色调都可能以最出人意料的方式改变她的相貌。

——贡布里希《艺术与错觉》